Dr. Karl Wellnitz

Klassische Wahrscheinlichkeitsrechnung

5., durchgesehene Auflage

Mit 19 Abbildungen

Springer Fachmedien Wiesbaden GmbH

Verlagsredaktion: *Alfred Schubert*

ISBN 978-3-322-97915-5   ISBN 978-3-322-98446-3 (eBook)
DOI 10.1007/978-3-322-98446-3

1969

Vorwort

Das vorliegende Beiheft über die klassische Wahrscheinlichkeitsrechnung ist in erster Linie zur Verwendung in den mathematischen Arbeitsgemeinschaften auf der Oberstufe der höheren Schulen bestimmt. Es ist deshalb nach methodischen Gesichtspunkten aufgebaut und der Aufnahmefähigkeit eines Schülers angepaßt. Nur diejenigen Begriffe und Kenntnisse sind vorausgesetzt, die im mathematischen Unterricht der Oberstufe normalerweise erworben werden, wozu allerdings auch Begriffe wie Grenzwert, oberer und unterer Limes, Stetigkeit und uneigentliches Integral gerechnet werden. Das Bedürfnis zu exakter mathematischer Behandlung soll in dem Schüler geweckt werden; in diesem Sinne will das Beiheft die immer noch bestehende Kluft zwischen Schul- und Hochschulmathematik überbrücken helfen. Durch zahlreiche Literaturhinweise und Andeutung einiger weitergehender Probleme hat der Lehrer die Möglichkeit, das Stoffgebiet in dieser oder jener Richtung nach eigenem Ermessen zu erweitern. So wird auch mancher Lehrer die eine oder andere Anregung empfangen können.

Die klassische Wahrscheinlichkeitsrechnung ist nach Ansicht des Verfassers nach wie vor am besten geeignet, das Verständnis des Lernenden für die Probleme und die Problematik der Wahrscheinlichkeitsrechnung zu wecken. Dabei werden Gedankengänge und Begriffe der modernen Wahrscheinlichkeitsrechnung systematisch vorbereitet, was unter anderem in der frühzeitigen Verwendung gewisser von den Begründern der modernen Theorien eingeführter charakteristischer Bezeichnungen zum Ausdruck kommt. Die Ergebnisse werden durch zahlreiche Beispiele und Anwendungen erläutert, deren Lösungen zum Teil angegeben sind.

Das Beiheft Nr. 9 (Best.-Nr. 809) behandelt die moderne Wahrscheinlichkeitsrechnung seit Richard von Mises und kann als Fortsetzung dieses Heftes angesehen werden.

Der Anhang enthält eine ausführliche Zusammenstellung von Definitionen und Lehrsätzen aus der Kombinatorik, die dem Beiheft Nr. 6 (Best.-Nr. 806) „Kombinatorik" entnommen sind.

Berlin-Tempelhof, im Oktober 1961

Dr. **Karl Wellnitz**

Inhaltsverzeichnis

§ 1. Vorbemerkungen

Die ersten Ansätze der Wahrscheinlichkeitsrechnung gehen auf die Franzosen *Pierre de Fermat* (1601 bis 1665) und *Blaise Pascal* (1623 bis 1662) zurück. Als eigentlicher Begründer der Wahrscheinlichkeitsrechnung kann jedoch erst der Schweizer *Jakob Bernoulli* (1654 bis 1705) angesehen werden. Seine „ars conjectandi" (zu deutsch: Die Kunst des Vermutens) gilt als das klassische Werk der Wahrscheinlichkeitsrechnung und bildet die Grundlage für alle weiteren Untersuchungen auf diesem Gebiet. Auf die Entwicklung der Wahrscheinlichkeitsrechnung hatten dann die Franzosen *Pierre Simon Laplace* (1749 bis 1827) und *Siméon Denis Poisson* (1781 bis 1840) besonders großen Einfluß, ersterer vor allem mit seinem im Jahre 1817 erschienenen Werk „théorie analytique des probabilités" (Analytische Wahrscheinlichkeitstheorie) und letzterer mit den 1837 erschienenen Untersuchungen der Gerichtsurteile („recherches sur la probabilité des jugements en matière civile et en matière criminelle").

Den Ausgangspunkt aller Betrachtungen über die Wahrscheinlichkeit bildeten das Würfelspiel und andere Glücksspiele, auf die die Anwendung der Wahrscheinlichkeitsrechnung aber keineswegs beschränkt geblieben ist. Zur Einführung in die Gedankengänge der Wahrscheinlichkeitsrechnung sind die Glücksspiele aber nach wie vor besonders gut geeignet. An ihnen kann man am besten erkennen, in welchem Sinne der Begriff des Zufalls in der Wahrscheinlichkeitsrechnung verstanden wird. Alle Überlegungen der Wahrscheinlichkeitsrechnung beziehen sich auf Ereignisse, die dem Zufall unterliegen. Es ist ja durchaus zweifelhaft, ob es überhaupt rein zufällige Ereignisse gibt. Denn sobald man das Kausalitätsprinzip anerkennt, hat man jedes Ereignis als eine zwingende Folge ganz bestimmter Ursachen anzusehen. Unabhängig von der Anerkennung des Kausalitätsprinzips betrachten wir aber in der Wahrscheinlichkeitsrechnung einen Versuch dann als dem Zufall unterliegend, wenn sein Ergebnis nicht nur von den Versuchsbedingungen abhängt, sondern außerdem von Nebenumständen, die uns unbekannt oder doch nicht von uns erfaßbar sind, die wir jedenfalls nicht beeinflussen können. Jeden Versuch nennen wir ein „Ereignis", das wir symbolhaft mit $\mathfrak{E}$ bezeichnen; die verschiedenen möglichen Ergebnisse des Versuchs nennen wir Merkmale (symbolische Bezeichnung: $\mathfrak{M}$). Ist unser Ereignis zum Beispiel das Würfeln mit einem Würfel, so können 6 verschiedene Merkmale eintreten, das Fallen der „1", das Fallen der „2" und so weiter. Jedes der Merkmale **kann** eintreten, eines von ihnen **muß** eintreten. Die Ursachen, die im Einzelfall zum Erscheinen einer bestimmten Augenzahl führen, kennen wir nicht, oder sie sind doch so unübersichtlich, daß man keinen Einfluß auf das Ergebnis nehmen kann.

Eine Voraussage, ob ein bestimmtes Merkmal eintritt oder nicht, ist aus den genannten Gründen unmöglich. So kann beim Werfen eines Würfels in keinem Falle vorhergesagt werden, welches Merkmal eintreten wird, welche Augenzahl also oben zu liegen kommen wird. Auch sonst kann mit Hilfe der Wahrscheinlichkeitsrechnung in keinem Falle das Ergebnis eines Versuches vorausgesagt werden. Darüber muß man sich von vornherein im klaren sein. Wenn man trotzdem der Wahrscheinlichkeit für das Auftreten eines bestimmten Merkmals einen bestimmten Zahlenwert beilegt, also z. B. sagt, beim Werfen eines gewöhnlichen Würfels könne das Auftreten der „1" mit der Wahrscheinlichkeit $\frac{1}{6}$ erwartet werden, so bedeutet dies folgendes: Jedes der anderen 5 Merkmale („2", „3", „4", „5", „6") ist mit gleicher Wahrscheinlichkeit zu erwarten; jede Augenzahl wird bei einer großen Zahl von Würfen durchschnittlich gleich oft fallen, denn es ist kein Grund dafür zu erkennen, daß eine Augenzahl vor einer anderen bevorzugt sein sollte, also häufiger erscheinen sollte als jede andere. Bei einer sehr großen Zahl von Würfen wird man erwarten dürfen, daß durchschnittlich jeder 6. Wurf eine „1", jeder 6. Wurf eine „2" usw. bringt. Aber selbst diese Voraussage, die sich nicht auf ein einzelnes Ereignis, sondern auf eine große Zahl von Versuchen bzw. Ereignissen bezieht, ist, wie wir sehen werden, höchst problematisch. Wenn man nach dem Gesagten auch nicht eine Voraussage für das Ergebnis eines einzelnen Versuchs machen kann, so hat es trotzdem einen Sinn, auch in solchen Fällen einen Zahlenwert für die Wahrscheinlichkeit anzugeben, in denen man nur einen einzigen Versuch anzustellen beabsichtigt. Es kommt nicht auf die Zahl der ausgeführten Versuche an. Es genügt, daß beliebig viele Versuche möglich oder auch nur denkbar sind. Der für die Wahrscheinlichkeit angegebene Zahlenwert ist dann als ein Maß der vernünftigen Erwartung anzusehen, mit der man einem bestimmten Versuchsergebnis (Merkmal) entgegensehen darf.

Eines ist weiterhin zu beachten. Sinnlos wird eine bestimmte Zahlenangabe in den Fällen, in denen der Begriff „Wahrscheinlichkeit" etwa in dem Sinne von „Glaubwürdigkeit" gebraucht wird. Wenn z. B. Athen, Salamis, Chios und vier weitere Städte Griechenlands von sich behaupten, die Geburtsstadt Homers zu sein, so darf man daraus nicht etwa folgern, daß die Wahrscheinlichkeit dafür, daß Homer in Athen geboren ist, den Wert $\frac{1}{7}$ besitze. Ebenso sinnlos wäre es, von vornherein einen Zahlenwert dafür angeben zu wollen, daß ein irgendwo aufgetauchtes Gerücht der Wahrheit entspricht.

Der Begriff der mathematischen Wahrscheinlichkeit ist sehr umstritten, vor allem ist ihre klassische Definition seit langem einer heftigen Kritik

2

von mathematischer und nichtmathematischer Seite ausgesetzt. Ungeachtet dessen wollen wir in diesem Heft die klassische Definition der mathematischen Wahrscheinlichkeit hinnehmen und auf ihr die Wahrscheinlichkeitsrechnung aufbauen.

Bei den Beispielen wollen wir diejenigen bevorzugen, die entweder in der historischen Entwicklung der Wahrscheinlichkeitsrechnung eine besondere Bedeutung erlangt haben oder die eine Kritik an der klassischen Wahrscheinlichkeitsrechnung herausgefordert haben.

§ 2. Definition der mathematischen Wahrscheinlichkeit

Vorübungen:

1. Vergleiche die Wahrscheinlichkeit, eine „6" zu würfeln, mit der Wahrscheinlichkeit, eine „1" zu würfeln.

   Antwort: Wir erkennen keinen Grund dafür, daß die „6" mit einer anderen Wahrscheinlichkeit erwartet werden könnte als die „1". Beide Wahrscheinlichkeiten sind gleich.

2. Vergleiche die Wahrscheinlichkeit, eine „6" zu würfeln, mit der Wahrscheinlichkeit, keine „6" zu würfeln.

   Antwort: Außer der „6" können 5 andere Augenzahlen fallen. Die Wahrscheinlichkeit dafür, daß keine „6" fällt, ist daher fünfmal so groß wie die, daß eine „6" fällt.

3. Ist die Wahrscheinlichkeit, eine „6" zu würfeln, größer oder kleiner als die, mit einer Münze „Kopf" zu werfen?

   Antwort: Mit einer Münze „Kopf" oder „Wappen" werfen ist gleich wahrscheinlich. Unter Berücksichtigung der Vorübung 2 ist daher die Wahrscheinlichkeit für das Werfen von „Kopf" größer als die Wahrscheinlichkeit, eine „6" zu würfeln.

4. In einer Urne liegen neun von 1 bis 9 numerierte Kugeln. Man greife wahllos eine Kugel heraus. Was erscheint dir wahrscheinlicher, eine Kugel mit gerader oder eine Kugel mit ungerader Nummer zu greifen?

   Antwort: Da 4 Kugeln mit gerader und 5 Kugeln mit ungerader Nummer vorhanden sind, ist es wahrscheinlicher, eine Kugel mit ungerader Nummer zu treffen.

Durchführung:

Wir fragen allgemein nach der Wahrscheinlichkeit dafür, daß bei einem bestimmten Ereignis $\mathfrak{E}$ ein bestimmtes Merkmal $\mathfrak{M}$ in Erscheinung tritt.

Man bestimme zu diesem Zweck die Anzahl aller bei dem Ereignis möglichen Fälle und bezeichne sie mit m; sodann stelle man fest, wie viele
unter diesen m möglichen Fällen das Merkmal $\mathfrak{M}$ aufweisen, nenne diese
die für das Merkmal $\mathfrak{M}$ „günstigen“ Fälle und bezeichne ihre Anzahl
mit g. Die Wahrscheinlichkeit dafür, daß das Merkmal $\mathfrak{M}$ auftritt, wird
um so größer sein, je größer die Zahl der günstigen Fälle (g) im Vergleich
zu der Gesamtzahl m der möglichen Fälle ist. Daher definieren wir:

Definition 1:

Die mathematische Wahrscheinlichkeit w für das Eintreffen des
Merkmals $\mathfrak{M}$ im Ereignis $\mathfrak{E}$ ist dem Quotienten aus der Anzahl der
für das Merkmal „günstigen“ und der Anzahl der überhaupt möglichen
Fälle gleich.

$$w = \frac{g}{m}$$

Es ist hinzuzufügen, daß die möglichen Fälle so ausgesucht werden
müssen, daß sie in gleicher Weise möglich, „gleichmöglich“ sind. Es darf
kein Grund dafür erkennbar sein, daß einer der Fälle häufiger auftritt
als ein anderer. Z. B. ist bei den Würfen eines gewöhnlichen Würfels
die Aufteilung in die beiden möglichen Fälle „Auftreten der 6“ und
„Nichtauftreten der 6“ unzulässig. Vielmehr sind hier die Fälle „Auftreten der 1“, „Auftreten der 2“, . . ., „Auftreten der 6“ als gleichmöglich
anzusehen.

Die obige klassische Definition der mathematischen Wahrscheinlichkeit
bringt notwendigerweise folgendes mit sich:

1. Der Wert der mathematischen Wahrscheinlichkeit w ist stets rational.
2. Es ist stets $0 \leqq w \leqq 1$, denn es muß sein $0 \leqq g \leqq m$.
3. $w = 0$ bedeutet: Das Eintreffen des Merkmals $\mathfrak{M}$ ist unmöglich.
4. $w = 1$ bedeutet: Das Merkmal $\mathfrak{M}$ tritt mit Sicherheit ein, denn in
   diesem Falle muß $g = m$ sein.

Beispiele:

**1. Wie groß ist die Wahrscheinlichkeit dafür, daß nach dem Werfen einer Münze die
Schrift oben zu liegen kommt?**

Unser Ereignis $\mathfrak{E}$ ist jetzt das Werfen der Münze, das Merkmal $\mathfrak{M}$ ist das Erscheinen der Schrift auf der Oberseite. Da entweder die Schrift oder die Rückseite oben liegen muß und beide Merkmale gleichmöglich sind, erhalten wir
$m = 2$ und $g = 1$, so daß sich für die gesuchte Wahrscheinlichkeit der Wert

$$w = \frac{1}{2}$$

ergibt.

2. Mit welcher Wahrscheinlichkeit kann beim Würfeln die „3" erwartet werden?

Beim Würfeln ist $m = 6$ und für eine bestimmte Augenzahl (z. B. 3) $g = 1$, so daß sich

$$w = \frac{1}{6}$$

ergibt.

3. Man führe mit einer Münze nacheinander zwei Würfe aus und frage nach der Wahrscheinlichkeit dafür, daß bei den beiden Würfen mindestens einmal die Rückseite (Wappen) oben erscheint.

Bezeichnen wir zur Abkürzung das Erscheinen der Schrift mit S, das des Wappens mit W, so haben wir bei zwei Würfen die vier gleichmöglichen Fälle SS, SW, WS, WW zu unterscheiden. Unser Merkmal trifft auf die letzten drei Möglichkeiten zu, so daß wir als Antwort

$$w = \frac{3}{4}$$

erhalten. Dieses Beispiel ist historisch insofern interessant, als der französische Mathematiker $D'Alembert$[1]) die gestellte Frage mit

$$w = \frac{2}{3}$$

richtig beantwortet zu haben glaubte. Er schloß folgendermaßen: Wenn schon beim ersten Wurf W erscheint, braucht die Münze zum zweiten Mal gar nicht geworfen zu werden, weil das Merkmal dann bereits eingetroffen ist. Er erhielt auf diese Weise nur die drei möglichen Fälle W, SW, SS, von denen die beiden ersten günstig sind. Diese drei möglichen Fälle sind aber nicht gleichmöglich, denn der Fall W besteht im Vergleich zu den Fällen SW und SS aus zwei gleichmöglichen Fällen, nämlich WW und WS, wodurch das falsche Ergebnis von $D'Alembert$ erklärt ist.

4. Wie groß ist die Wahrscheinlichkeit, mit zwei Würfeln eine Doppelsechs zu werfen?

Jeder der beiden Würfel kann 1, 2, . . . oder 6 zeigen. Jede Augenzahl des ersten Würfels kann mit jeder Augenzahl des zweiten Würfels zusammentreffen. Als Gesamtzahl aller möglichen Fälle erhalten wir deswegen $V'_2(6)$[2]), die Anzahl der Variationen mit Wiederholung der zweiten Klasse von 6 Elementen. Von allen diesen Fällen ist nur einer günstig, nämlich der Fall 6 6, so daß wir für die gesuchte Wahrscheinlichkeit

$$w = \frac{1}{V'_2(6)} = \frac{1}{6^2} = \frac{1}{36}$$

erhalten.

5. Mit welcher Wahrscheinlichkeit kann beim Werfen zweier Würfel die Augensumme 5 erwartet werden?

---

1) *Jean le Rond D'Alembert*, französischer Mathematiker und Philosoph, 1717 bis 1783.
2) Vgl. Anhang B, Def. 7 und Lehrsatz 11.

Von den möglichen Fällen, den 36 Variationen mit Wiederholung der zweiten Klasse von 6 Elementen, sind diejenigen günstig, die die Augensumme 5 besitzen, also die 4 Fälle: 1,4; 2,3; 3,2; 4,1. Mithin erhalten wir

$$w = \frac{4}{36} = \frac{1}{9}.$$

6. Es wird mit drei Würfeln gewürfelt. Wie groß ist die Wahrscheinlichkeit,

a) ein Sechs-Pasch (alle drei Würfel zeigen „6")
b) ein beliebiges Pasch (drei gleiche Augenzahlen)
c) drei verschiedene Augenzahlen
d) zwei gleiche Augenzahlen

zu werfen?

Die Anzahl der möglichen Würfe überhaupt ist der Anzahl der Variationen mit Wiederholung der dritten Klasse von 6 Elementen gleich. In jedem Falle ist also

$$m = V'_3(6) = 6^3 = 216.$$

Zu a): $g = 1$ $\qquad\qquad\qquad w = \dfrac{1}{216}$

Zu b): $g = 6$ $\qquad\qquad\qquad w = \dfrac{1}{36}$

Zu c): Günstig sind so viele Würfe, wie es Variationen ohne Wiederholung gibt, d. h.

$$g = V_3(6) = \frac{6!}{3!} = 120$$

und

$$w = \frac{120}{216} = \frac{5}{9}.$$

Zu d): Günstig sind alle die Würfe, in denen weder alle drei Würfel die gleiche noch alle drei Würfel verschiedene Augenzahlen zeigen. D. h.

$$g = 216 - 6 - 120 = 90 \quad \text{und} \quad w = \frac{90}{216} = \frac{5}{12}.$$

7. Mit welcher Wahrscheinlichkeit erhält man mit drei Würfeln eine Augensumme, die größer als 10 ist?

Analog zu den vorigen ließe sich diese Aufgabe lösen, indem man von den 216 möglichen Fällen diejenigen zusammenstellt, die eine Augensumme besitzen, die größer als 10 ist. Man kann aber auch einfacher zum Ziele gelangen. Jeder Würfel ist nämlich so konstruiert, daß die Augensumme je zweier gegenüberliegender Seiten 7 ist. Sind also a, b und c mit $a + b + c = s$ Augenzahlen, so liegen die Zahlen $7 - a$, $7 - b$ und $7 - c$ verdeckt. Die Summe der verdeckt liegenden Augen ist daher $21 - s$. Ordnet man je zwei Augensummen dieser Art einander zu, so erkennt man, daß beide Fälle gleichmöglich sind und daß, wenn die eine Augensumme (s) größer als 10, die andere ($21 - s$) höchstens 10 ist und umgekehrt. Ist also der eine Fall günstig, so ist der andere ungünstig und umgekehrt. Daher ist

$$m = 2 \cdot g \quad \text{und} \quad w = \frac{1}{2}.$$

8. **Eine Urne sei mit a weißen und b schwarzen, sonst den weißen völlig gleichen Kugeln gefüllt. Wie groß ist die Wahrscheinlichkeit dafür, daß k willkürlich herausgegriffene Kugeln sämtlich weiß sind?** (Damit die gesuchte Wahrscheinlichkeit nicht von vornherein den Wert 0 hat, setzen wir $k \leqq a$ voraus.)

Die Anzahl der möglichen Fälle ist der Anzahl der Kombinationen ohne Wiederholung der k-ten Klasse von $a + b$ Elementen gleich[1]).

$$m = K_k\,(a + b) = \binom{a + b}{k}$$

Die Anzahl der günstigen Fälle entspricht den gleichen Kombinationen von a Elementen.

$$g = K_k\,(a) = \binom{a}{k}$$

Als gesuchte Wahrscheinlichkeit ergibt sich somit

$$w = \frac{g}{m} = \frac{\binom{a}{k}}{\binom{a + b}{k}} \cdot$$

Für $a = 4$; $b = 6$; $k = 3$ ergibt sich beispielsweise $w = \dfrac{\binom{4}{3}}{\binom{10}{3}} = \dfrac{1}{30} \cdot$

9. **Wir legen jede gezogene Kugel wieder in die Urne zurück, bevor wir die nächste ziehen, und stellen die gleiche Frage wie im vorigen Beispiel.** (Die Voraussetzung $k \leqq a$ entfällt jetzt, da sich bei jeder Ziehung sämtliche a weißen und b schwarzen Kugeln in der Urne befinden.)

Jede Kugel kann jetzt beliebig oft wiedergezogen werden, so daß an die Stelle der Kombinationen ohne[4]) nun die Variationen mit Wiederholung treten. Die Wahrscheinlichkeit dafür, daß bei den k Ziehungen k weiße Kugeln gezogen werden, wird daher[2]):

$$w = \frac{g}{m} = \frac{V'_k\,(a)}{V'_k\,(a + b)} = \frac{a^k}{(a + b)^k} = \left(\frac{a}{a + b}\right)^k$$

Für den Spezialfall $a = 4$; $b = 6$; $k = 3$; erhalten wir jetzt $w = \dfrac{8}{125} \cdot$

10. **Das Kästchenproblem von Bertrand**[3]). (*Bertrand:* ,,calcule de probabilité‘‘). Drei völlig gleichartige Kästchen A, B und C besitzen auf zwei gegenüberliegenden Seiten je eine Schublade. A enthält in jeder Schublade eine Goldmünze, C in jeder eine Silbermünze, während B in einer Lade eine Goldmünze und in der anderen eine Silbermünze enthält. Würde man nach der Wahrschein-

---

[1]) Vgl. Anhang B, Definition 3 und Lehrsatz 3.
[2]) Vgl. Anhang B, Definition 7 und Lehrsatz 11.
[3]) *Joseph Bertrand*, französischer Mathematiker, 1822 bis 1900.
[4]) Bei der Lösung des Beispiels 8 hätte man an Stelle der Kombinationen auch die Variationen ohne Wiederholung verwenden können; man wäre gemäß Anhang B, Lehrsatz 11 zum gleichen Ergebnis gelangt.

lichkeit dafür fragen, daß man bei willkürlicher Wahl eines Kästchens das Kästchen B mit den verschiedenen Münzen treffe, so lautete die Antwort selbstverständlich $w = \dfrac{1}{3}$, denn einer von drei möglichen Fällen ist günstig.

Das eigentliche *Bertrand*sche Kästchenproblem besteht aber in folgender Fragestellung:

Ich wähle ein Kästchen, öffne eine Schublade und — so wird angenommen — erblicke eine Goldmünze. Welches ist die Wahrscheinlichkeit dafür, daß ich das Kästchen B mit den verschiedenen Münzen gewählt habe?

Die drei Kästchen sind in ihrer Anordnung in bezug auf die Gold- und Silbermünzen symmetrisch, so daß die Antwort auf die gestellte Frage unabhängig davon sein muß, ob ich eine Gold- oder eine Silbermünze erblickt habe. Schon daraus folgt, daß auch jetzt $w = \dfrac{1}{3}$ sein muß. Wir erkennen aber auch, daß — das Erblicken einer Goldmünze vorausgesetzt — drei gleichmögliche Fälle vorliegen: Ich kann erstens die 1. Schublade von A, zweitens die 2. Schublade von A und drittens die „goldene“ Schublade von B geöffnet haben. Von diesen drei Möglichkeiten ist nur die letzte für unsere Fragestellung günstig, woraus $w = \dfrac{1}{3}$ folgt. Besonders plausibel wird das Ergebnis, wenn man mit *Bertrand* die Frage so formuliert: „Ich öffne eine beliebige Schublade. Welches ist die Wahrscheinlichkeit dafür, daß in der anderen Schublade desselben Kästchens eine Münze aus dem in der ersten Schublade nicht gefundenen Metall liegt?“

Dieses Beispiel ist deswegen besonders interessant, weil der durchaus ernst zu nehmende Mathematiker *Czuber* dazu geäußert hat: „Die einzig richtige Antwort ist $w = \dfrac{1}{2}$, denn es liegen nur zwei gleichberechtigte Möglichkeiten vor, repräsentiert durch die Kästchen A und B, und eine davon ist günstig.“

Übungsaufgaben:

1. In einer Urne befinden sich 5 rote, 10 blaue und 25 weiße Kugeln. Wie groß ist die Wahrscheinlichkeit,
   a) eine rote, b) eine blaue, c) eine weiße, d) eine rote oder eine blaue,
   e) keine blaue Kugel zu ziehen?

2. Beantworte dieselben Fragen, wenn r rote, b blaue und s weiße Kugeln in der Urne enthalten sind.

3. Aus einer Urne mit 5 roten, 10 blauen und 25 weißen Kugeln werden 3 Kugeln gleichzeitig entnommen. Wie groß ist die Wahrscheinlichkeit dafür, daß alle gezogenen Kugeln blau sind?

4. Beantworte dieselbe Frage, wenn die Kugeln einzeln gezogen werden und jede Kugel sofort in die Urne zurückgelegt wird.

5. Aus einer Urne mit 32 Kugeln, die von 1 bis 32 numeriert sind, werden 6 Kugeln entnommen. Wie groß ist die Wahrscheinlichkeit dafür, daß
   a) die Nummern 1 bis 3 darunter sind?
   b) mindestens eine Kugel dabei ist, deren Nummer größer als 25 ist?

c) keine Kugel dabei ist, deren Nummer zwischen 5 und 14 mit Einschluß der Grenzen ist?

d) alle gezogenen Kugeln gerade Nummern haben?

(Zur Lösung der Aufgaben beachte man Anhang B, Lehrsätze 4 bis 6!)

6. Beantworte die Fragen 5b) bis d) und die beiden folgenden unter der Voraussetzung, daß jede der 6 gezogenen Kugeln unmittelbar nach dem Herausnehmen wieder zurückgelegt wird.

e) Wie groß ist die Wahrscheinlichkeit dafür, daß sechsmal die gleiche Kugel erscheint?

f) Wie groß ist die Wahrscheinlichkeit dafür, daß keine Kugel mehrfach erscheint?

(Zur Lösung beachte Anhang B, Lehrsätze 8 bis 10!)

7. Aus einer Urne, die 10 numerierte Kugeln enthält, werden nacheinander 5 Kugeln entnommen. Wie groß ist die Wahrscheinlichkeit dafür, daß die Nummern 1 bis 5 erscheinen, und zwar in der natürlichen Reihenfolge? Wie ändert sich das Ergebnis, wenn jede Kugel vor dem Herausnehmen der nächsten in die Urne zurückgelegt wird?

8. Es wird zweimal mit einem Würfel gewürfelt. Wie groß ist die Wahrscheinlichkeit dafür, daß

a) das erste Mal eine „6" und das zweite Mal keine „6" fällt?

b) das erste **und** das zweite Mal eine „6" geworfen wird?

c) das erste **oder** das zweite Mal eine „6" geworfen wird?

d) keine „6" geworfen wird?

9. Eine Münze wird fünfmal geworfen. Wie groß ist die Wahrscheinlichkeit,

a) mindestens einmal „Kopf"

b) genau einmal „Kopf"

c) beim dritten und vierten Mal „Kopf", sonst „Wappen"

zu werfen?

10. Wie groß sind die Wahrscheinlichkeiten, beim Zahlenlotto in die 1., 2., 3. und 4. Gewinnklasse zu gelangen?[1]) Mit welcher Wahrscheinlichkeit gelangt man in die Gewinnklasse II mit richtiger Zusatzzahl?

11. Wie änderten sich die Wahrscheinlichkeiten, wenn vier von sechzig Zahlen ausgewählt würden?[1])

12. Wie groß ist die Wahrscheinlichkeit, beim Fußballtoto 11 Spiele nach den drei Möglichkeiten „Gewinn", „Verlust" und „Unentschieden" richtig vorauszusagen, wenn man jeden Spielausgang als gleichwahrscheinlich ansieht?

13. Wie groß ist die Wahrscheinlichkeit, beim Fußballtoto von 11 Spielen 10 oder 9 Spiele richtig vorauszusagen, wenn man jeden Spielausgang als gleichwahrscheinlich ansieht?

---

[1]) Die Aufgaben 10, 11, 15 und 16 können in Verbindung mit dem Beiheft „Kombinatorik" gelöst werden.
Vgl. dort für obige   Aufgabe 10: § 3, Beispiel 9, 10 und 10 a
                  Aufgabe 11: § 3, Aufgabe 9,
                  Aufgabe 15: § 3, Beispiel 11, sowie Lehrsätze 4 und 5,
                  Aufgabe 16: § 3, Beispiel 18.

14. Wie groß ist die Wahrscheinlichkeit, beim Ziehen einer Karte aus einem Spiel von 32 Blatt
   a) eine schwarze Karte
   b) einen König
   c) eine rote Sieben, Acht oder Neun
   zu ziehen?

15. Wie groß ist die Wahrscheinlichkeit dafür, daß ein Skatspieler beim Verteilen der Karten
   a) vier Buben
   b) drei Buben und zwei Asse
   c) außer Buben nur zwei Farben
   erhält?[1]

16. Wie groß ist die Wahrscheinlichkeit dafür, daß man aus einer mit b blauen und r roten Kugeln angefüllten Urne unter n gezogenen Kugeln k blaue findet $(k \leq b)$?[1]

§ 3. Über das Rechnen mit Wahrscheinlichkeiten

1. Bei einem Ereignis $\mathfrak{E}$ mögen sich m gleichmögliche Fälle unterscheiden lassen. Es werde ferner angenommen, daß n verschiedene dazugehörige Merkmale sich gegenseitig ausschließen, so daß das Ereignis nicht gleichzeitig mehrere der Merkmale aufweisen kann. Außerdem sei das Ereignis völlig durch die n Merkmale erfaßt, so daß es eines der Merkmale in jedem Falle aufweisen muß. Sind dann g_1, g_2, g_3, ..., g_n beziehentlich die Anzahlen der für die n Merkmale günstigen Fälle, so muß die Beziehung gelten:

$$g_1 + g_2 + g_3 + \cdots + g_n = m$$

Daraus folgt

$$\frac{g_1}{m} + \frac{g_2}{m} + \frac{g_3}{m} + \cdots + \frac{g_n}{m} = 1$$

oder

$$w_1 + w_2 + w_3 + \cdots + w_n = 1, \tag{1}$$

wobei w_1, w_2, ..., w_n die Wahrscheinlichkeiten für das Auftreten der einzelnen n Merkmale bedeuten.

2. Wichtig wird die Gleichung (1) für den Spezialfall $n = 2$:
Ist w die Wahrscheinlichkeit für das Auftreten eines Merkmals $\mathfrak{M}$ und $\overline{w}$ (sprich: „w quer") die Wahrscheinlichkeit für das Nichtauftreten desselben Merkmals $\mathfrak{M}$, so gilt nach Gleichung (1)

$$w + \overline{w} = 1$$

oder

$$\overline{w} = 1 - w.$$

Man nennt $\overline{w}$ auch die Alternativwahrscheinlichkeit des Merkmals $\mathfrak{M}$.

---

[1] Siehe Fußnote S. 9.

Lehrsatz 1:

> **Die Wahrscheinlichkeit $\overline{w}$ dafür, daß ein mit der Wahrscheinlichkeit w zu erwartendes Merkmal nicht eintritt, ist**
> $$\overline{w} = 1 - w.$$

3. Bei einem Ereignis sollen sich r verschiedene Merkmale einander ausschließen. Die Anzahlen der für diese Merkmale günstigen Fälle seien beziehentlich $g_1, g_2, \ldots, g_r$. Ist m die Anzahl der überhaupt möglichen Fälle, so sind die dazugehörigen Wahrscheinlichkeiten

$$w_1 = \frac{g_1}{m}; \quad w_2 = \frac{g_2}{m}; \quad \cdots; \quad w_r = \frac{g_r}{m}.$$

Dafür, daß dann entweder das erste oder das zweite oder irgendeins der r Merkmale auftritt, sind $g = g_1 + g_2 + \cdots + g_r$ Fälle günstig; die Anzahl der möglichen Fälle ist nach wie vor m. Daraus folgen die Beziehung

$$\frac{g}{m} = \frac{g_1}{m} + \frac{g_2}{m} + \frac{g_3}{m} + \cdots + \frac{g_r}{m} = w_1 + w_2 + \cdots + w_r$$

und der folgende Satz:

Lehrsatz 2:

> **Additionssatz oder „Entweder-oder-Gesetz".**
>
> Treten r verschiedene, einander ausschließende Merkmale mit den Wahrscheinlichkeiten $w_1, w_2, \ldots, w_r$ auf, so ist die Wahrscheinlichkeit w dafür, daß eines der r Merkmale eintritt,
> $$w = w_1 + w_2 + \cdots + w_r = \sum_{i=1}^{r} w_i.$$

4. Ein Ereignis $\mathfrak{E}_1$ lasse m_1 gleichmögliche Fälle erkennen, unter denen g_1 Fälle für das Eintreten eines Merkmals $\mathfrak{M}_1$ günstig sind. Dann tritt das Merkmal $\mathfrak{M}_1$ in dem Ereignis $\mathfrak{E}_1$ mit der Wahrscheinlichkeit $w_1 = \dfrac{g_1}{m_1}$ auf. m_2, g_2 und w_2 seien die entsprechenden Werte für das Auftreten eines Merkmals $\mathfrak{M}_2$ in einem anderen Ereignis $\mathfrak{E}_2$. Wir setzen ferner voraus, daß das Merkmal $\mathfrak{M}_2$ in dem Ereignis $\mathfrak{E}_2$ völlig unabhängig von dem

Eintreffen des Merkmals $\mathfrak{M}_1$ in dem Ereignis $\mathfrak{E}_1$ auftritt und umgekehrt.

Wir fragen nun nach dem gleichzeitigen Auftreten von $\mathfrak{M}_1$ in $\mathfrak{E}_1$ und $\mathfrak{M}_2$ in $\mathfrak{E}_2$, indem wir uns vorstellen, daß beide Ereignisse gleichzeitig stattfinden. Jeder mögliche Fall des einen Ereignisses kann dann mit jedem möglichen des anderen gekoppelt erscheinen, so daß $m_1 \cdot m_2$ mögliche Fälle des Doppelereignisses denkbar werden. Unter diesen sind diejenigen und nur diejenigen günstig, in denen beide Ereignisse auftreten, das sind $g_1 \cdot g_2$ Fälle, weil jeder günstige Fall des ersten Ereignisses mit den g_2 günstigen Fällen des zweiten Ereignisses zusammentreffen kann. Als Wahrscheinlichkeit für das gleichzeitige Eintreffen beider Ereignisse erhalten wir daher

$$w = \frac{g_1 \cdot g_2}{m_1 \cdot m_2} = w_1 \cdot w_2.$$

Man erkennt sofort, daß das Entsprechende für mehr als zwei voneinander unabhängige, in verschiedenen Ereignissen vorkommende Merkmale gilt. Damit ist gezeigt:

Lehrsatz 3:

> **Multiplikationssatz oder „Sowohl-als-auch-Gesetz".**
>
> **Bedeutet w_i die Wahrscheinlichkeit für das Auftreten des Merkmals $\mathfrak{M}_i$ in dem Ereignis $\mathfrak{E}_i$, wobei i die Werte von 1 bis r annehmen kann, und tritt jedes Merkmal $\mathfrak{M}_i$ in dem Ereignis $\mathfrak{E}_i$ unabhängig von dem Erscheinen aller anderen Merkmale in den zu ihnen gehörigen Ereignissen auf, so ist die Wahrscheinlichkeit w dafür, daß in allen $\mathfrak{E}_i$ die Merkmale $\mathfrak{M}_i$ gleichzeitig auftreten,**
>
> $$w = w_1 . w_2 \cdots w_r = \prod_{i=1}^{r} w_i.$$

Das Produkt w bezeichnet man auch als *„zusammengesetzte Wahrscheinlichkeit"*.

Wiederholt man einen Versuch mehrmals nacheinander, so darf man das Ergebnis eines jeden Versuchs als unabhängig von dem Ergebnis aller anderen betrachten; dies ist ja eine Voraussetzung jeder Wahrscheinlichkeitsbetrachtung, wie wir einleitend festgestellt haben. Wir können den Lehrsatz 3, der sich ja zunächst auf verschiedene Ereignisse bezieht, daher ohne weiteres auch auf mehrere Versuche desselben Ereignisses anwenden. Dabei ist es gleichgültig, ob bei jedem dasselbe Merkmal in Betracht gezogen wird oder nicht. So erhält man beispielsweise als Wahrscheinlichkeit w' dafür, daß beim ersten zweier Versuche ein Merkmal, dem die Wahrscheinlichkeit w_1 zukommt, und beim zweiten Versuch ein Merkmal, dem die Wahrscheinlichkeit w_2 zukommt, auftritt:

$$w' = w_1 \cdot w_2$$

Oder man erhält als Wahrscheinlichkeit w'' dafür, daß bei beiden Versuchen das erste Merkmal auftritt,

$$w'' = w_1 \cdot w_1 = w_1^2.$$

Weiterhin ist die Wahrscheinlichkeit w''' dafür, daß dieses Merkmal in beiden Versuchen nicht erscheint,

$$w''' = (1 - w_1)^2$$

und dafür, daß es beim ersten, aber nicht beim zweiten Versuch in Erscheinung tritt,

$$w'''' = w_1 \cdot (1 - w_1) \quad \text{und so fort.}$$

5. Führen wir allgemeiner n Versuche aus, so erhalten wir als Wahrscheinlichkeit W_j dafür, daß ein mit der Wahrscheinlichkeit w zu erwartendes Merkmal $\mathfrak{M}$ bei jedem der n Versuche auftritt,

$$W_j = w^n. \tag{2}$$

Als Wahrscheinlichkeit W_k dafür, daß das Merkmal bei keinem der n Versuche eintritt, ergibt sich

$$W_k = (1 - w)^n = \overline{w}^n. \tag{3}$$

Die Alternative zu dem zuletzt genannten Fall ist der, daß sich das Merkmal bei den n Versuchen mindestens einmal einstellt. Die Wahrscheinlichkeit W_m dafür ist daher

$$W_m = 1 - (1 - w)^n = 1 - \overline{w}^n. \tag{4}$$

Fragen wir nun noch allgemeiner nach der Wahrscheinlichkeit dafür, daß das Merkmal bei n Versuchen genau λ-mal ($0 \leqq \lambda \leqq n$) auftritt. Soll das Merkmal bei den ersten λ Versuchen auftreten, bei den restlichen $n - \lambda$ Versuchen dagegen nicht auftreten, so erhält die Wahrscheinlichkeit dafür gemäß dem Multiplikationssatz, den wir nach den obigen Bemerkungen anwenden dürfen, den Wert

$$w^\lambda \cdot \overline{w}^{n-\lambda}.$$

Nun verlangen wir aber nicht, daß das Merkmal gerade bei den **ersten** λ Versuchen auftrete, sondern bei beliebigen λ unter den n Versuchen. Dadurch vervielfacht sich die Wahrscheinlichkeit noch mit dem Faktor $\binom{n}{\lambda}$, weil die Versuche, in denen das Merkmal erscheinen soll, sich

auf $K_\lambda(n) = \binom{n}{\lambda}$ verschiedene Arten unter den n Versuchen verteilen lassen. Das ergibt die in dem Lehrsatz 4 enthaltene sogenannte Newtonsche Formel.

Lehrsatz 4:

> **Die Wahrscheinlichkeit W dafür, daß ein mit der Wahrscheinlichkeit w zu erwartendes Merkmal bei einer Serie von n gleichartigen Versuchen genau λ-mal eintrifft, ist**
>
> $$W = \binom{n}{\lambda} \cdot w^\lambda \cdot (1 - w)^{n-\lambda} = \binom{n}{\lambda} \cdot w^\lambda \cdot \overline{w}^{\,n-\lambda}.$$

6. Wir kehren die Fragestellung, die zu der Formel (4) geführt hat, um, indem wir wissen wollen, wie viele Versuche angestellt werden müssen, damit die Wahrscheinlichkeit für das mindestens einmalige Auftreten des Merkmals einen vorgeschriebenen Wert W_m erreicht. Die neue Frage beantwortet sich, wenn wir die Gleichung (4) nach n auflösen.

Aus

$$(1 - w)^n = 1 - W_m$$

wird durch Logarithmierung

$$n \cdot \log(1 - w) = \log(1 - W_m)$$

$$n = \frac{\log(1 - W_m)}{\log(1 - w)} . \tag{5}$$

Lehrsatz 5:

> **Will man die Wahrscheinlichkeit für das Auftreten eines Merkmals von dem Wert w auf mindestens den Wert W_m erhöhen, so hat man den Versuch, bei dem das Merkmal mit der Wahrscheinlichkeit w erwartet werden darf, so oft durchzuführen, daß die Anzahl der angestellten Versuche mindestens so groß wird wie die sich aus der Formel (5) ergebende Zahl n.**

Soll beispielsweise $W_m \geqq \dfrac{1}{2}$ werden, so muß $n \geqq \dfrac{-\log 2}{\log(1 - w)}$ werden.

Beispiele:

1. **Wie groß ist die Wahrscheinlichkeit, mit zwei Würfeln die Summe 5 oder die Summe 6 zu werfen?**

   Bei 36 möglichen Fällen sind für die Summe 5 vier Fälle (nämlich 1,4; 2,3; 3,2; 4,1), für die Summe 6 fünf Fälle (nämlich 1,5; 2,4; 3,3; 4,2; 5,1) günstig, so daß die Wahrscheinlichkeit für das Werfen dieser beiden Augensummen einzeln

$$w_5 = \frac{4}{36} = \frac{1}{9} \quad \text{bzw.} \quad w_6 = \frac{5}{36}$$

wird. Nach dem Additionssatz (Lehrsatz 2) ist die gesuchte Wahrscheinlichkeit daher

$$w = \frac{1}{9} + \frac{5}{36} = \frac{9}{36} = \frac{1}{4} \, .$$

2. Wie groß ist die Wahrscheinlichkeit, mit zwei Würfeln in zwei Würfen wenigstens einmal die Summe 7 oder 8 zu werfen?

Der Übung halber wollen wir das Ergebnis auf zwei gedanklich verschiedenen Wegen ermitteln.

a) Für das Werfen der Summe 7 mit zwei Würfeln in einem Wurf sind sechs Fälle (1, 6; 2, 5: 3, 4; 4, 3; 5, 2; 6, 1), für das Werfen der Summe 8 fünf Fälle (2, 6; 3, 5; 4, 4; 5, 3; 6, 2) unter 36 möglichen günstig, so daß die Wahrscheinlichkeit, mit einem Wurf die Summe 7 zu werfen, $w_7 = \frac{1}{6}$, mit einem Wurf die Summe 8 zu werfen, $w_8 = \frac{5}{36}$ wird. Die Wahrscheinlichkeit, in einem Wurf entweder 7 oder 8 zu werfen, ist daher nach dem Additionssatz (Lehrsatz 2)

$$w_{7,\,8} = \frac{1}{6} + \frac{5}{36} = \frac{11}{36} \, .$$

Die Wahrscheinlichkeit, bei zwei Würfen mindestens einmal eine dieser beiden Summen zu werfen, setzt sich nach demselben Additionssatz zusammen aus der Wahrscheinlichkeit, die verlangten Summen im ersten Wurf zu finden (wobei der Ausgang des zweiten Wurfes uninteressant ist), und der, die Summen im zweiten, aber nicht im ersten Wurf zu finden. Die erste Wahrscheinlichkeit hat wie ermittelt den Wert $\frac{11}{36}$, die zweite nach dem Multiplikationssatz (Lehrsatz 3 und Ergänzung) den Wert

$$\frac{11}{36} \cdot \left(1 - \frac{11}{36}\right) \, .$$

Demnach erhalten wir für die gesuchte Wahrscheinlichkeit

$$w = \frac{11}{36} + \frac{11}{36} \cdot \frac{25}{36} = \frac{671}{1296} \, .$$

b) Viel einfacher kommen wir durch Anwendung der Formel 4 zum Ziel. Wir erhalten unmittelbar:

$$w = 1 - \left(1 - \frac{11}{36}\right)^2 = 1 - \left(\frac{25}{36}\right)^2 = \frac{671}{1296}$$

3. Wie groß ist die Wahrscheinlichkeit, mit einem Würfel

a) in zwei Würfen erst eine „2", dann eine „5"
b) in zwei Würfen eine „2" und eine „5"
c) in zwei Würfen eine gerade und eine ungerade Zahl
d) in drei Würfen erst zweimal eine „6", dann eine ungerade Zahl
zu werfen?

2 *

Alle Antworten ergeben sich unmittelbar aus dem Multiplikationssatz (Lehrsatz 3 und ergänzende Bemerkungen). Wir erhalten

im Falle a)
$$w = \frac{1}{6} \cdot \frac{1}{6} = \frac{1}{36},$$

im Falle b)
$$w = 2 \cdot \frac{1}{6} \cdot \frac{1}{6} = \frac{1}{18},$$

im Falle c)
$$w = 2 \cdot \frac{1}{2} \cdot \frac{1}{2} = \frac{1}{2},$$

im Falle d)
$$w = \frac{1}{6} \cdot \frac{1}{6} \cdot \frac{1}{2} = \frac{1}{72}.$$

4. Ein Schütze treffe durchschnittlich in 5 von 6 Fällen das Zentrum einer Schießscheibe. Wie groß ist die Wahrscheinlichkeit dafür, daß er bei 10 aufeinanderfolgenden Schüssen 10mal ins Zentrum trifft?

Nach dem Multiplikationssatz erhalten wir

$$w = \left(\frac{5}{6}\right)^{10} = \frac{9\,765\,625}{60\,466\,176}.$$

Die Wahrscheinlichkeit ist unter den Wert $\frac{1}{6}$ gesunken.

5. Wie groß ist die Wahrscheinlichkeit dafür, daß unter 100 Würfen mit einem Würfel sich genau 25mal eine „6" befindet?

Nach der *Newton*schen Formel (Lehrsatz 4) erhalten wir:

$$w = \binom{100}{25} \cdot \left(\frac{1}{6}\right)^{25} \cdot \left(\frac{5}{6}\right)^{75} \approx 0{,}0098$$

6. Eine Urne enthalte n völlig gleichartige Kugeln. Wie groß ist die Wahrscheinlichkeit w_g dafür, daß beim willkürlichen Herausgreifen einer beliebigen Zahl von Kugeln eine gerade Anzahl genommen wird, und wie groß ist die Wahrscheinlichkeit w_u dafür, daß bei dem gleichen Vorgang eine ungerade Anzahl gegriffen wird?

Die Zahl aller möglichen Fälle ist die Summe der Anzahlen sämtlicher möglichen Kombinationen von n Elementen aller Klassen von 1 bis n. Das heißt:

$$m = \binom{n}{1} + \binom{n}{2} + \binom{n}{3} + \cdots + \binom{n}{n}$$

Die Zahl der für das Herausgreifen einer geraden Anzahl von Kugeln günstigen Fälle ist entsprechend:

$$g = \binom{n}{2} + \binom{n}{4} + \binom{n}{6} + \cdots$$

Zur Berechnung des Quotienten $w_g = \dfrac{g}{m}$ bedienen wir uns zweier für das Eulersche Symbol allgemein geltenden Beziehungen [1]:

$$2^n = 1 + \binom{n}{1} + \binom{n}{2} + \cdots + \binom{n}{n} \tag{a}$$

$$0 = 1 - \binom{n}{1} + \binom{n}{2} - + \cdots + (-1)^n \cdot \binom{n}{n} \tag{b}$$

---

[1] Die Beziehungen sind in dem Beiheft 6 „Kombinatorik" abgeleitet und finden sich dort auf Seite 33 als Formeln (19) und (20).

16

Durch Addition von (a) und (b) folgt:

$$2^n = 2 + 2 \cdot \binom{n}{2} + 2 \cdot \binom{n}{4} + 2 \cdot \binom{n}{6} + \cdots$$

und nach Division durch 2:

$$2^{n-1} = 1 + \binom{n}{2} + \binom{n}{4} + \binom{n}{6} + \cdots$$

Daraus ergibt sich

$$g = 2^{n-1} - 1.$$

Nach Formel (a) ist aber

$$m = 2^n - 1,$$

so daß wir erhalten:

$$w_g = \frac{g}{m} = \frac{2^{n-1} - 1}{2^n - 1}$$

Der Wert w_u ergibt sich gemäß Lehrsatz 1 als Alternativwahrscheinlichkeit, da die herausgegriffene Zahl der Kugeln ja entweder gerade oder ungerade sein muß.

$$w_u = 1 - w_g = 1 - \frac{2^{n-1} - 1}{2^n - 1} = \frac{2^n - 2^{n-1}}{2^n - 1}$$

$$= \frac{2 \cdot 2^{n-1} - 2^{n-1}}{2^n - 1} = \frac{2^{n-1} \cdot (2-1)}{2^n - 1}$$

$$w_u = \frac{2^{n-1}}{2^n - 1}$$

Beachtlich an diesem Ergebnis ist, daß w_u für jedes beliebige n stets verschieden von w_g ist; es ist nämlich stets $w_u > w_g$. Für ungerade n leuchtet diese Beziehung ohne weiteres ein; daß sie aber auch für gerade n richtig ist, möge der Fall $n = 2$ plausibel machen. Sind in der Urne nur die beiden Kugeln a und b vorhanden, so gibt es drei mögliche Fälle, nämlich das Herausgreifen von a, von b und von a und b zusammen. Wir erhalten in diesem Spezialfall:

$$w_g = \frac{1}{3} \quad \text{und} \quad w_u = \frac{2}{3}$$

7. Das Rencontre-Spiel.

Eine Urne sei mit n von 1 bis n numerierten Kugeln gefüllt. Man nehme wahllos eine Kugel nach der anderen heraus, ohne sie wieder zurückzulegen, und spreche von einem „Rencontre", wenn beim i-ten Zuge die Kugel mit der Nummer i gezogen wird. Wir fragen:

Wie groß ist die Wahrscheinlichkeit dafür, daß an ν vorgeschriebenen Stellen, nämlich an der r-ten, an der s-ten, an der t-ten usw. Stelle kein Rencontre eintritt?

Zieht man beispielsweise 9 vorhandene Kugeln in der Reihenfolge 2 4 7 1 5 3 9 8 6 hervor, so läge an der 5. und an der 8. Stelle ein Rencontre vor, an allen anderen nicht. Das prinzipiell gleiche Spiel kann man sich selbstverständlich in vielen anderen Arten realisiert denken.

Die Zahl der möglichen Fälle ist die Anzahl aller möglichen Reihenfolgen der n Kugeln; sie ist der Anzahl der verschiedenen Permutationen von n Elementen gleich:

$$m = P(n) = n!$$

Soll an der r-ten Stelle ein Rencontre auftreten, so sind dafür $(n - 1)!$ Fälle günstig, weil jetzt die r-te Stelle und nur diese durch die Kugel mit der Nummer r festgelegt ist. Für das Auftreten **keines** Rencontres sind die restlichen Fälle günstig:

$$g_r = n! - (n - 1)! \tag{6}$$

Will ich die Zahl $g_{r,\,s}$ der günstigen Fälle dafür ermitteln, daß **außerdem** an der Stelle s **kein** Rencontre auftritt, so muß ich von g_r den Wert $(n - 1)! - (n - 2)!$ subtrahieren; denn dies ist auf Grund von (6) die Anzahl der Fälle, in denen das Element s an s-ter Stelle festgehalten wird, während bei r kein Rencontre stattfindet.

$$g_{r,\,s} = n! - 2 \cdot (n - 1)! + (n - 2)! \tag{7}$$

Auf Grund von (7) ergibt sich weiterhin als Zahl der Fälle, in denen an weiterer Stelle t das Element t festgehalten wird, während bei r und s keine Rencontres stattfinden, der Ausdruck $(n - 1)! - 2 \cdot (n - 2)! + (n - 3)!$. Diesen habe ich von $g_{r,\,s}$ zu subtrahieren, wenn ich die Zahl $g_{r,\,s,\,t}$ der Permutationen erhalten will, bei denen alle drei Elemente **nicht** an der ihrer Nummer entsprechenden Stelle stehen. So bekommen wir

$$g_{r,\,s,\,t} = n! - 3 \cdot (n - 1)! + 3 \cdot (n - 2)! - (n - 3)! \tag{8}$$

So können wir fortfahren; Wir bekommen die Zahl der günstigen Fälle für das Nichtvorkommen eines Rencontres an vier vorgeschriebenen Stellen, wenn wir von dem Ausdruck (8) denjenigen subtrahieren, der sich aus (8) durch Substituierung der Zahl n durch die Zahl $n - 1$ ergibt. Allgemein erhalten wir als Zahl $g_{r,\,s,\,t\ldots}$ der günstigen Fälle dafür, daß an den verlangten ν vorgeschriebenen Stellen **kein** Rencontre auftritt,

$$g_{r,\,s,\,t\ldots} = n! - \binom{\nu}{1} \cdot (n - 1)! + \binom{\nu}{2} \cdot (n - 2)! - + \cdots + (-1)^{\nu} \cdot \binom{\nu}{\nu} \cdot (n - \nu)! \tag{9}$$

Die gesuchte Wahrscheinlichkeit wird daher

$$w = \frac{g}{m} = 1 - \binom{\nu}{1} \cdot \frac{1}{n} + \binom{\nu}{2} \cdot \frac{1}{n \cdot (n-1)} - + \cdots + (-1)^{\nu} \cdot \frac{1}{n \cdot (n-1) \cdot \ldots \cdot (n-\nu+1)} . \tag{10}$$

8. Interessant wird das vorstehende Ergebnis, wenn nach der **Wahrscheinlichkeit dafür** gefragt wird, **daß überhaupt kein Rencontre stattfindet.**

In diesem Falle wird $\nu = n$, und die Wahrscheinlichkeit erhält den folgenden Wert:

$$w = 1 - \frac{1}{1!} + \frac{1}{2!} - \frac{1}{3!} + - \cdots + (-1)^n \cdot \frac{1}{n!} \tag{11}$$

Die rechte Seite der Gleichung (11) ist der Anfang der bekannten unendlichen Reihe, die den Wert $\frac{1}{e} \approx 0{,}3679$ besitzt. Da die Reihe außerordentlich gut konvergiert, liegt die Wahrscheinlichkeit dafür, daß kein Rencontre stattfindet, bereits für verhältnismäßig kleine n sehr nahe bei e^{-1}. Beispielsweise stimmt w für $n = 9$ bereits auf 6 Stellen, für $n = 13$ bereits auf 8 Stellen hinter dem Komma in der Dezimalbruchentwicklung mit e^{-1} überein.

Bemerkenswert wäre noch, daß man unter Zugrundelegung der Formel für die **absoluten Permutationen**[1]), auf deren Ableitung wir im Beiheft „Kombinatorik" der Kürze halber verzichtet haben, unmittelbar zu der Gleichung (11) gelangen kann.

9. Das Problem von Tschebyscheff.
Wie groß ist die Wahrscheinlichkeit dafür, daß ein beliebig hingeschriebener Bruch sich nicht kürzen läßt?

Bei diesem Problem haben wir es mit einem sogenannten innermathematischen Beispiel zu tun.

Teile ich den Zähler p des vorgegebenen Bruches durch die Zahl a, so können die Reste 0, 1, 2, 3, ..., $a - 1$ übrig bleiben. Diese a Fälle sind gleichmöglich. Die Wahrscheinlichkeit dafür, daß der Zähler durch die Zahl a teilbar ist, ist demnach $\frac{1}{a}$. Das gleiche gilt für den Nenner q, so daß wir nach dem Multiplikationssatz als Wahrscheinlichkeit w_a dafür, daß der Bruch sich durch a kürzen läßt,

$$w_a = \frac{1}{a} \cdot \frac{1}{a} = \frac{1}{a^2}$$

erhalten. Daß der Bruch sich **nicht** durch a kürzen läßt, ist deshalb mit der Wahrscheinlichkeit

$$w'_a = 1 - \frac{1}{a^2}$$

zu erwarten.

Dafür, daß ein Bruch sich überhaupt nicht kürzen läßt, ist notwendig und hinreichend, daß er durch keine Primzahl gekürzt werden kann. Ist p_1, p_2, p_3, ... die Folge der nach ihrer Größe geordneten Primzahlen, so wird die gesuchte Wahrscheinlichkeit nach dem Multiplikationssatz

$$w = \left(1 - \frac{1}{p_1^2}\right) \cdot \left(1 - \frac{1}{p_2^2}\right) \cdot \left(1 - \frac{1}{p_3^2}\right) \cdots = \prod_{i=1}^{\infty} \left(1 - \frac{1}{p_i^2}\right). \qquad (12)$$

Nun ist aber

$$\frac{1}{\prod\limits_{i=1}^{\infty} \left(1 - \frac{1}{p_i^2}\right)} = \zeta(2), \quad \text{wobei} \quad \zeta(z) = \sum_{n=1}^{\infty} \frac{1}{n^z}$$

---

[1]) Unter „absoluten Permutationen" von n Elementen versteht man alle diejenigen, bei denen kein Element i an seiner ursprünglichen Stelle steht. Ihre Anzahl ist

$$\overline{P}(n) = n! \cdot \left(\frac{1}{2!} - \frac{1}{3!} + \frac{1}{4!} - + \cdots + (-1)^n \cdot \frac{1}{n!}\right).$$

die berühmte *Riemannsche* ζ-Funktion ist. $\zeta(2)$ hat den Wert $\dfrac{\pi^2}{6}$, so daß wir als Antwort auf unsere Frage

$$w = \frac{6}{\pi^2} \approx 0{,}6079$$

erhalten.

10. **Wieviel Würfe mit zwei Würfeln muß man wenigstens ausführen, damit eine Doppelsechs mit einer Wahrscheinlichkeit erwartet werden kann, die größer als $\dfrac{1}{2}$ ist?**

Die Wahrscheinlichkeit, bei einem Wurf eine Doppelsechs zu werfen, ist $w = \dfrac{1}{36}$.
Gemäß Lehrsatz 5 bzw. Formel (5) ergibt sich:

$$n \geqq \frac{-\log 2}{\log \dfrac{35}{36}} = \frac{\log 2}{\log 36 - \log 35}$$

$$n \geqq 24{,}6 \cdot$$
$$n = 25$$

Übungsaufgaben:

1. Wie groß ist die Wahrscheinlichkeit, mit zwei Würfeln eine Augensumme zwischen 4 und 9 mit Einschluß der Grenzen zu werfen?

2. Wie groß ist die Wahrscheinlichkeit dafür, daß bei 20 (n) Würfen die „1" mindestens 3 mal $(i\text{-mal})$ und höchstens 6 mal $([i+k]\text{-mal})$ geworfen wird?

3. Wie groß ist die Wahrscheinlichkeit, aus einer Urne mit sieben weißen, drei roten und fünf schwarzen Kugeln

   a) eine weiße oder eine rote

   b) eine weiße oder eine schwarze

   c) eine rote oder eine schwarze Kugel zu ziehen?

4. Wie groß ist die Wahrscheinlichkeit, aus der gleichen Urne

   a) erst eine rote, dann eine schwarze

   b) erst eine weiße, dann eine schwarze

   c) zweimal eine weiße Kugel zu ziehen?

   Beantworte die Fragen

   1. unter der Voraussetzung, daß die zuerst gezogene Kugel vor dem Ziehen der zweiten wieder zurückgelegt wird,

   2. unter der Voraussetzung, daß dies nicht geschieht.

5. In einer Lotterie von 1000 Nummern werden 50 Gewinne gezogen. Wie groß ist die Wahrscheinlichkeit, daß unter 40 Losen

   a) mindestens eines gewinnt?

   b) genau drei gewinnen?

6. Aus einem Spiel von 32 Karten, das 12 Bilder enthält, werden zwei Karten gezogen, sodann ohne Zurücklegen der ersten wiederum zwei gezogen. Wie groß ist die Wahrscheinlichkeit, beim ersten oder, wenn dabei kein Bild gezogen wurde, beim zweiten Zuge zwei Bilder zu ziehen?

7. Wieviel Würfe muß man mit einem Würfel ausführen, damit eine „6" mit einer Wahrscheinlichkeit erwartet werden kann, die größer als $\frac{1}{2}$ ist? Vergleiche das Ergebnis mit der Antwort des Beispiels 10. Erkläre, warum die beiden Ergebnisse sich nicht wie 6 : 1 verhalten, obwohl die zugrunde liegenden Wahrscheinlichkeiten doch in dem umgekehrten Verhältnis zueinander stehen.

8. Unter einer „Iteration der Länge n" versteht man das Auftreten eines bestimmten Ereignisses n-mal nacheinander. Wie groß ist die Wahrscheinlichkeit dafür, daß ein Merkmal, das mit der Wahrscheinlichkeit w zu erwarten ist, in einer Iteration der Länge n auftritt? Bedenke bei der Lösung, daß das Merkmal genau n-mal vorkommen muß, daß diese Serie von n Merkmalen also von einem Versuch gefolgt wird, der das Merkmal nicht aufweist, und daß ein Versuch mit ebensolchem Ergebnis der Iteration vorangehen muß, da es sich sonst um eine Iteration von größerer Länge handeln würde.

§ 4. Relative Wahrscheinlichkeit und Bayessche Regel

Vorübung:

Eine Urne enthalte der Form nach gleichartige Kugeln, die in zweierlei Hinsicht unterschieden sind. Sie seien zum Teil rot, zum anderen Teil grün. Unabhängig von dem Farbunterschied sei ein Teil der Kugeln mit der Nummer 1, der Rest mit der Nummer 2 versehen, so daß wir r_1 mit der Nummer 1 versehene rote, r_2 mit der Nummer 2 versehene rote, g_1 mit der Nummer 1 versehene grüne und g_2 mit der Nummer 2 versehene grüne Kugeln haben mögen. Nehme ich wahllos eine Kugel aus der Urne, so wird nach der normalen Definition die Wahrscheinlichkeit dafür, daß

eine rote Kugel gegriffen wurde,

$$w_r = \frac{r_1 + r_2}{r_1 + r_2 + g_1 + g_2},$$

eine grüne Kugel gegriffen wurde,

$$w_g = \frac{g_1 + g_2}{r_1 + r_2 + g_1 + g_2},$$

eine Kugel mit der Nummer 1 gegriffen wurde,

$$w_1 = \frac{r_1 + g_1}{r_1 + r_2 + g_1 + g_2},$$

eine Kugel mit der Nummer 2 gegriffen wurde,

$$w_2 = \frac{r_2 + g_2}{r_1 + r_2 + g_1 + g_2},$$

eine rote Kugel mit der Nummer 1 gegriffen wurde,

$$w_{r,1} = \frac{r_1}{r_1 + r_2 + g_1 + g_2},$$

eine rote Kugel mit der Nummer 2 gegriffen wurde,

$$w_{r,2} = \frac{r_2}{r_1 + r_2 + g_1 + g_2},$$

eine grüne Kugel mit der Nummer 1 gegriffen wurde,

$$w_{g,1} = \frac{g_1}{r_1 + r_2 + g_1 + g_2},$$

eine grüne Kugel mit der Nummer 2 gegriffen wurde,

$$w_{g,2} = \frac{g_2}{r_1 + r_2 + g_1 + g_2}.$$

Diese Formeln bieten nichts Neues. Fragen wir nun aber nach der Wahrscheinlichkeit $w_1(r)$ dafür, daß eine Kugel mit der Nummer 1 unter der Voraussetzung ergriffen wird, daß sie rot ist, so lassen wir alle Fälle, in denen eine grüne Kugel gewählt wird, vollständig unberücksichtigt. Die gefragte Wahrscheinlichkeit wird daher

$$w_1(r) = \frac{r_1}{r_1 + r_2}.$$

Dieser Wert wird auch erhalten, wenn wir $w_{r,1}$ durch w_r dividieren. Entsprechend würden wir erhalten:

$$w_2(r) = \frac{r_2}{r_1 + r_2} = \frac{w_{r,2}}{w_r}$$

$$w_1(g) = \frac{g_1}{g_1 + g_2} = \frac{w_{g,1}}{w_g}$$

$$w_2(g) = \frac{g_2}{g_1 + g_2} = \frac{w_{g,2}}{w_g}$$

Durchführung:

Definition 2:

Ist $\mathfrak{M}_1$ das umfassendere von zwei Merkmalen $\mathfrak{M}_1$ und $\mathfrak{M}_2$, bringt also das Auftreten von $\mathfrak{M}_2$ das von $\mathfrak{M}_1$ eo ipso mit sich, so verstehen wir unter der Relativwahrscheinlichkeit $w_{\mathfrak{M}_2}(\mathfrak{M}_1)$ für das Auftreten des Merkmals $\mathfrak{M}_2$ relativ zu dem Merkmal $\mathfrak{M}_1$ die Wahrscheinlichkeit dafür, daß das Merkmal $\mathfrak{M}_2$ auftritt, wobei das Erscheinen des Merkmals $\mathfrak{M}_1$ vorausgesetzt ist.

Sind $w_1 = \dfrac{g_1}{m}$ und $w_2 = \dfrac{g_2}{m}$ die zu den Merkmalen $\mathfrak{M}_1$ und $\mathfrak{M}_2$ gehörenden Wahrscheinlichkeiten, so muß $w_1 \geqq w_2$ sein, wenn $\mathfrak{M}_1$ das umfassendere der beiden Merkmale ist, d. h. wenn beim Auftreten von $\mathfrak{M}_2$ das Merkmal $\mathfrak{M}_1$ notwendigerweise mit auftritt.

Bei der Feststellung der Relativwahrscheinlichkeit für das Auftreten des Merkmals $\mathfrak{M}_2$ relativ zu dem Merkmal $\mathfrak{M}_1$ haben wir alle Fälle, in denen das Merkmal $\mathfrak{M}_1$ nicht auftritt, unberücksichtigt zu lassen. Die Anzahl der möglichen Fälle wird deshalb der Anzahl der für das Merkmal $\mathfrak{M}_1$ günstigen gleich; die Zahl der für $\mathfrak{M}_2$ günstigen Fälle ist nach wie vor g_2. Als gesuchte Relativwahrscheinlichkeit $w_{\mathfrak{M}_2}(\mathfrak{M}_1)$ erhalten wir deshalb

$$w_{\mathfrak{M}_2}(\mathfrak{M}_1) = \frac{g_2}{g_1} = \frac{\dfrac{g_2}{m}}{\dfrac{g_1}{m}} = \frac{w_2}{w_1}. \tag{13}$$

Anmerkung:

Bei der Vorübung wurde das Merkmal „rot" gegenüber dem Merkmal „1" dadurch zum umfassenderen, daß alle Ereignisse, die das Merkmal „grün" aufweisen, unberücksichtigt blieben, auch dann, wenn sie das Merkmal „1" tragen.
Bedenken wir, daß ein das Merkmal $\mathfrak{M}_1$ umfassendes Merkmal einfach dadurch zustande kommen kann, daß zu $\mathfrak{M}_1$ andere Merkmale desselben Ereignisses hinzugenommen werden, so führt die Formel (13) direkt zu der Regel von *Bayes*:

Lehrsatz 6:

Divisionssatz oder Bayessche Regel.

Sind $\mathfrak{M}_1$, $\mathfrak{M}_2$, $\mathfrak{M}_3$, . . ., $\mathfrak{M}_n$ sich gegenseitig ausschließende Merkmale eines Ereignisses mit den zugehörigen Wahrscheinlichkeiten w_1, w_2, w_3, . . ., w_n $(w_1 + w_2 + w_3 + \cdots + w_n \leqq 1)$, so ist die Wahrscheinlichkeit für das Auftreten des Merkmals $\mathfrak{M}_1$ relativ zu dem Merkmal, das sich aus den Merkmalen $\mathfrak{M}_1$, $\mathfrak{M}_2$, $\mathfrak{M}_3$, . . ., $\mathfrak{M}_n$ zusammensetzt,

$$w_{\mathfrak{M}_1}(\mathfrak{M}_1, \mathfrak{M}_2, \mathfrak{M}_3, \ldots, \mathfrak{M}_n) = \frac{w_1}{w_1 + w_2 + \cdots + w_n}. \tag{14}$$

Übungsaufgaben:

1. Drei Seiten eines Würfels (1, 2 und 3) sind rot angestrichen, die anderen (4, 5 und 6) grün. Wie groß ist die Wahrscheinlichkeit, eine ungerade Augenzahl zu werfen, vorausgesetzt, daß eine grüne Seite des Würfels oben liegt?

2. Jemand hat mit 3 Würfeln mehr als 15 Augen geworfen. Wie groß ist die Wahrscheinlichkeit,

   a) daß der Wurf aus drei „6" besteht?
   b) daß mindestens eine „5"
   c) daß genau eine „5"
   d) daß keine „6" dabei ist?

3. Wie groß ist die Wahrscheinlichkeit, daß die Voraussetzung der Aufgabe 2 erfüllt wird? Beantworte die Frage 2a und d ohne die einschränkende Voraussetzung und bestätige durch Vergleich mit den zuerst gefundenen Antworten die Gültigkeit der Formel (13).

4. Jemand zieht aus einem Spiel von 32 Karten drei Karten. Wie groß ist die Wahrscheinlichkeit dafür, daß er drei Bilder (darunter verstehen wir Buben, Damen oder Könige) zieht?

5. Wie groß ist die Wahrscheinlichkeit dafür, daß unter der Annahme, es seien 3 Bilder gezogen worden (Aufgabe 4),

   a) zwei Könige

   b) mindestens zwei Könige dabei sind?

   c) kein König dabei ist?

   d) ein Bube, eine Dame und ein König gezogen worden sind?

6. Beantworte die Frage 5a ohne die genannte Voraussetzung und bestätige durch Hinzuziehung der Antwort von Frage 4 die Formel (13).

§ 5. Abhängigkeit und allgemeines Multiplikationsgesetz

1. Drei Urnen A, B und C seien mit Kugeln angefüllt, die sich nur in der Farbe unterscheiden. Die Urne A enthalte g grüne und r rote Kugeln, die Urne B s_b schwarze und v_b violette, die Urne C s_c schwarze und v_c violette Kugeln (Abb. 1).

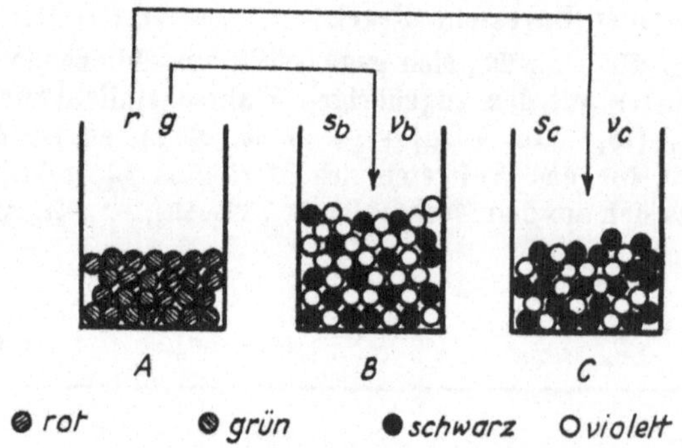

Abb. 1.

Man greife zuerst in die Urne A und entnehme ihr eine Kugel. Hat man eine grüne Kugel getroffen, so tue man den zweiten Griff in die Urne B; förderte der erste Griff jedoch eine rote Kugel zutage, so soll der zweite in die Urne C getan werden. Der zweite Griff wird nach diesem Verfahren entweder eine schwarze oder eine violette Kugel bringen. Man erkennt, daß die Wahrscheinlichkeit für das Ergebnis des zweiten Griffs (für die Merkmale schwarz und violett) von dem Ergebnis des ersten Griffs (von den Merkmalen grün und rot) abhängig ist.

Wir fragen nach der Wahrscheinlichkeit, beim zweiten Griff eine schwarze Kugel zu ziehen.

Lösung: Die erfragte Gesamtwahrscheinlichkeit w_s setzt sich nach dem Additionssatz (Lehrsatz 2) aus zwei Wahrscheinlichkeiten additiv zusammen:

$$w_s = w_{g,\,s} + w_{r,\,s} \tag{15}$$

Hierbei bedeuten $w_{g,\,s}$ die Wahrscheinlichkeit, eine schwarze Kugel aus der Urne B zu ziehen (nachdem also der erste Griff eine grüne Kugel zum Vorschein gebracht hatte), und $w_{r,\,s}$ die Wahrscheinlichkeit, eine schwarze Kugel aus der Urne C zu ziehen (nachdem der erste Griff eine rote Kugel gebracht hatte).

Wenden wir uns zunächst der Ermittlung von $w_{g,\,s}$ zu.

Nach der *Bayes*schen Regel (Lehrsatz 6) muß die Relativwahrscheinlichkeit $w_s(g)$ für das Auftreten des Merkmals „schwarz" relativ zu dem Merkmal „grün" dem Quotienten aus $w_{g,\,s}$ und der Wahrscheinlichkeit w_g für das Auftreten des Merkmals „grün" gleich sein:

$$w_s(g) = \frac{w_{g,\,s}}{w_g} \tag{16}$$

$w_s(g)$ und w_g sind aber sofort angebbar; es ist nämlich

$$w_s(g) = \frac{s_b}{s_b + v_b}, \tag{17}$$

denn der Griff in die Urne B setzt ja das vorherige Eintreffen des Merkmals „grün" voraus, und

$$w_g = \frac{g}{g + r} \cdot \tag{18}$$

Setzen wir (17) und (18) in (16) ein, so erhalten wir

$$w_{g,\,s} = \frac{g}{g + r} \cdot \frac{s_b}{s_b + v_b} \cdot \tag{19}$$

Genau analog läßt sich der zweite Summand von (15), $w_{r,\,s}$, ermitteln:

$$w_{r,\,s} = \frac{r}{g + r} \cdot \frac{s_c}{s_c + v_c} \tag{20}$$

Wir setzen (19) und (20) in (15) ein und erhalten als gesuchte Gesamtwahrscheinlichkeit für das Finden einer schwarzen Kugel

$$w_s = \frac{g}{g + r} \cdot \frac{s_b}{s_b + v_b} + \frac{r}{g + r} \cdot \frac{s_c}{s_c + v_c} \cdot \tag{21}$$

25

2. Durch Verallgemeinerung der Formel (19) oder (20) erhalten wir als Wahrscheinlichkeit $w_{\mathfrak{M}_1,\,\mathfrak{M}_2}$ dafür, daß zwei nicht voneinander unabhängige Merkmale $\mathfrak{M}_1$ und $\mathfrak{M}_2$ eintreten:

$$w_{\mathfrak{M}_1,\,\mathfrak{M}_2} = w_{\mathfrak{M}_1} \cdot w_{\mathfrak{M}_2}(\mathfrak{M}_1) \tag{22}$$

Hierbei bedeuten $w_{\mathfrak{M}_1}$ die Wahrscheinlichkeit, mit der das Eintreffen des Merkmals $\mathfrak{M}_1$ zu erwarten ist, und $w_{\mathfrak{M}_2}(\mathfrak{M}_1)$ die Wahrscheinlichkeit des Merkmals $\mathfrak{M}_2$ relativ zu dem Merkmal $\mathfrak{M}_1$.

3. Dieser Multiplikationssatz, der eine Umkehrung der auf zwei Merkmale beschränkten *Bayes*schen Regel [bzw. Formel (13)] darstellt, kann auf mehr als zwei Merkmale verallgemeinert werden:

Lehrsatz 7:

Allgemeines Multiplikationsgesetz.

Die Wahrscheinlichkeit $w_{\mathfrak{M}_1,\,\mathfrak{M}_2,\,\dots,\,\mathfrak{M}_n}$ **für das Auftreten aller Merkmale** $\mathfrak{M}_1, \mathfrak{M}_2, \dots$ **und** $\mathfrak{M}_n$ **ist**

$$w_{\mathfrak{M}_1,\mathfrak{M}_2,\dots,\mathfrak{M}_n} = w_{\mathfrak{M}} \cdot w_{\mathfrak{M}_2}(\mathfrak{M}_1) \cdot w_{\mathfrak{M}_3}(\mathfrak{M}_1,\mathfrak{M}_2) \dots w_{\mathfrak{M}_n}(\mathfrak{M}_1,\mathfrak{M}_2,\dots,\mathfrak{M}_{n-1}) \tag{23}$$

Hierin bedeutet $w_{\mathfrak{M}_i}(\mathfrak{M}_1, \mathfrak{M}_2, \dots, \mathfrak{M}_{i-1})$ **jedesmal die Wahrscheinlichkeit, mit der das Merkmal** $\mathfrak{M}_i$ **relativ zu den vorhergehenden Merkmalen** $\mathfrak{M}_1, \dots, \mathfrak{M}_{i-1}$ **auftritt.**

Der Multiplikationssatz (Lehrsatz 3) ist in dem allgemeinen Multiplikationsgesetz (Lehrsatz 7) als Spezialfall enthalten. Sind die Merkmale voneinander unabhängig, so treten an die Stelle der Relativwahrscheinlichkeiten die normalen Wahrscheinlichkeiten.

Beispiel:

Eine Urne enthält drei weiße und drei schwarze Kugeln. Man nimmt zweimal eine Kugel heraus, ohne die erste wieder zurückzulegen. Wie groß ist die Wahrscheinlichkeit, beide Male eine weiße Kugel zu ziehen?

Als Anwendung für das allgemeine Multiplikationsgesetz ist dieses Beispiel an den Haaren herbeigezogen. Denn die gesuchte Wahrscheinlichkeit ist ohne weiteres ohne Zuhilfenahme dieses Satzes angebbar. Sie ist nämlich der Wahrscheinlichkeit gleich, mit einem Zuge zwei weiße Kugeln zu finden. Es ist[1]

$$w = \frac{K_2(3)}{K_2(6)} = \frac{\binom{3}{2}}{\binom{6}{2}} = \frac{3}{15} = \frac{1}{5}.$$

---

[1] Vgl. Anhang B, Definition 3 und Lehrsatz 3.

26

Wenn wir aber den Lehrsatz 7 anwenden wollen, so ist dies möglich und trägt zur Verdeutlichung bei, weil die Wahrscheinlichkeitsverteilung des zweiten Zuges in der Tat von dem Ergebnis der ersten Ziehung abhängig ist.

Für die Wahrscheinlichkeit, beim ersten Male eine weiße Kugel zu ziehen, haben wir $w_w = \dfrac{1}{2}$. Die Wahrscheinlichkeit $w_w(w)$, beim zweiten Zuge eine weiße zu treffen unter der Voraussetzung, daß beim ersten Male auch eine weiße gezogen worden ist, ist $w_w(w) = \dfrac{2}{5}$, denn es sind dann beim zweiten Zuge noch zwei weiße und drei schwarze Kugeln zur Auswahl vorhanden. Die gesuchte Wahrscheinlichkeit $w_{w,\,w}$ ist daher nach dem Lehrsatz 7

$$w_{w,\,w} = w_w \cdot w_w(w) = \frac{1}{2} \cdot \frac{2}{5} = \frac{1}{5}.$$

Fragten wir nach der Wahrscheinlichkeit, zuerst eine weiße und dann eine schwarze Kugel zu ziehen, so würden wir nicht direkt zum Ziele kommen, wenn wir die beiden Züge durch einen einzigen Griff ersetzten, mit dem beide Kugeln entnommen werden. Denn dann könnte die vorgeschriebene Reihenfolge (erst weiß, dann schwarz) nicht berücksichtigt werden.

$$w_w = \frac{1}{2}, \qquad w_s(w) = \frac{3}{5}, \qquad w_{w,\,s} = w_w \cdot w_s(w) = \frac{3}{10}.$$

Übungsaufgaben:

1. Berechne die unter § 5, 1 ermittelte Wahrscheinlichkeit, eine schwarze Kugel zu ziehen, wenn die Urne A 8 grüne und 12 rote, die Urne B 10 schwarze und 5 violette und die Urne C 5 schwarze und 10 violette Kugeln enthält.

2. Eine Urne enthält 5 schwarze, 4 weiße und 3 rote Kugeln. Man entnimmt der Urne dreimal je eine Kugel, ohne sie wieder zurückzulegen. Wie groß ist die Wahrscheinlichkeit,

   a) zuerst eine schwarze, dann eine weiße und schließlich eine rote Kugel

   b) die drei verschiedenen Kugeln in umgekehrter Reihenfolge zu ziehen?

3. Wie ändert sich das Ergebnis der Aufgabe 2, wenn die Kugeln nach jeder Ziehung wieder in die Urne zurückgelegt werden?

4. Aus einer Urne, die m schwarze und n weiße Kugeln enthält, werden $p + q$ Kugeln mit einem Griff entnommen. Wie groß ist die Wahrscheinlichkeit, p schwarze und q weiße Kugeln dabei zu fassen (Setze speziell $m = 6$, $n = 8$, $p = 2$ und $q = 3$)?

5. Beantworte die Frage 4, wenn die $p + q$ bzw. 5 Kugeln einzeln herausgenommen werden, jede gezogene Kugel jedoch sogleich wieder in die Urne zurückgelegt wird.

6. Beantworte die Frage 4, wenn die $p + q$ bzw. 5 Kugeln einzeln herausgenommen und nicht wieder in die Urne zurückgelegt werden.

§ 6. Mathematische Hoffnung

Ein Ereignis $\mathfrak{E}$ erlaube das Eintreffen der n Merkmale $\mathfrak{M}_1$, $\mathfrak{M}_2$, $\mathfrak{M}_3$, ... $\mathfrak{M}_n$. Die dazugehörigen Wahrscheinlichkeiten seien w_1, w_2, w_3, ..., w_n mit der Bedingung $w_1 + w_2 + w_3 + \cdots + w_n = 1$. Jedem Merkmal bzw. jeder der Zahlen w_i sei ein gewisser Zahlenwert x_i zugeordnet ($1 \leq i \leq n$). Die Zahlen x_1, x_2, ..., x_n sollen als „Gewinne" oder „Gewinngrößen" bezeichnet werden. Stellen wir uns unter $\mathfrak{E}$ ein Glücksspiel vor, so kann jedes x_i etwa als Gewinn gedeutet werden, den ein Spieler beim Eintreffen des Merkmals $\mathfrak{M}_i$ zu beanspruchen hat.

Definition 3:

Sind den mit den Wahrscheinlichkeiten w_1, w_2, ..., w_n $(w_1 + w_2 + \cdot\ \ + w_n = 1)$ zu erwartenden Merkmalen $\mathfrak{M}_1$, $\mathfrak{M}_2$, ..., $\mathfrak{M}_n$ eines Ereignisses $\mathfrak{E}$ die Gewinngrößen x_1, x_2, ..., x_n beziehentlich zugeordnet, so versteht man unter der mathematischen Hoffnung $M(\mathfrak{E}, x)$ des Ereignisses $\mathfrak{E}$ für die Gewinngrößen x (auch „Mittelwert" oder „mittlerer Gewinn" genannt) den Ausdruck

$$M(\mathfrak{E}, x) = w_1 \cdot x_1 + w_2 \cdot x_2 + \cdots + w_n \cdot x_n = \sum_{i=1}^{n} w_i \cdot x_i.$$

Beispiele:

1. Sehen wir beim Werfen eines Würfels die fallenden Augen als Gewinngrößen an, so erhalten wir für die mathematische Hoffnung

$$M(\mathfrak{W}, a) = \frac{1}{6} \cdot 1 + \frac{1}{6} \cdot 2 + \frac{1}{6} \cdot 3 + \frac{1}{6} \cdot 4 + \frac{1}{6} \cdot 5 + \frac{1}{6} \cdot 6 = \frac{7}{2}.$$

2. Wir spielen mit zwei Würfeln und betrachten wieder die fallende Augensumme als Gewinngröße.

Bezeichnen wir mit w_s die Wahrscheinlichkeit, mit zwei Würfeln die Summe s zu werfen, so ist:

$$w_2 = \frac{1}{36} \qquad w_4 = \frac{\cdot 1}{12} \qquad w_6 = \frac{5}{36} \qquad w_8 = \frac{5}{36} \qquad w_{10} = \frac{1}{12} \qquad w_{12} = \frac{1}{36}$$

$$w_3 = \frac{1}{18} \qquad w_5 = \frac{1}{9} \qquad w_7 = \frac{1}{6} \qquad w_9 = \frac{1}{9} \qquad w_{11} = \frac{1}{18}$$

$$M(\mathfrak{W}\mathfrak{W}, a+a) = w_2 \cdot 2 + w_3 \cdot 3 + w_4 \cdot 4 + w_5 \cdot 5 + w_6 \cdot 6 + w_7 \cdot 7$$

$$+ w_8 \cdot 8 + w_9 \cdot 9 + w_{10} \cdot 10 + w_{11} \cdot 11 + w_{12} \cdot 12 = 7$$

Wir erhalten den doppelten Wert wie in Beispiel 1.

3. Wir spielen wieder mit zwei Würfeln, setzen jetzt aber als Gewinngrößen die Produkte der Augenzahlen ein.

Wir haben zunächst wieder die Wahrscheinlichkeit w_p, mit zwei Würfeln das Augenprodukt p zu werfen, für alle zwischen 1 und 36 liegenden in Frage kommenden Werte von p festzustellen. Dabei ergibt sich:

$$w_1 = \frac{1}{36} \qquad w_4 = \frac{1}{12} \qquad w_8 = \frac{1}{18} \qquad w_{12} = \frac{1}{9} \qquad w_{18} = \frac{1}{18} \qquad w_{25} = \frac{1}{36}$$

$$w_2 = \frac{1}{18} \qquad w_5 = \frac{1}{18} \qquad w_9 = \frac{1}{36} \qquad w_{15} = \frac{1}{18} \qquad w_{20} = \frac{1}{18} \qquad w_{30} = \frac{1}{18}$$

$$w_3 = \frac{1}{18} \qquad w_6 = \frac{1}{9} \qquad w_{10} = \frac{1}{18} \qquad w_{16} = \frac{1}{36} \qquad w_{24} = \frac{1}{18} \qquad w_{36} = \frac{1}{36}$$

Sodann wird

$$\begin{aligned}
M(\mathfrak{W}\mathfrak{W}, a \cdot a) = \; & w_1 \cdot 1 + w_2 \cdot 2 + w_3 \cdot 3 + w_4 \cdot 4 + w_5 \cdot 5 + w_6 \cdot 6 + w_8 \cdot 8 + w_9 \cdot 9 \\
& + w_{10} \cdot 10 + w_{12} \cdot 12 + w_{15} \cdot 15 + w_{16} \cdot 16 + w_{18} \cdot 18 + w_{20} \cdot 20 + w_{24} \cdot 24 \\
& + w_{25} \cdot 25 + w_{30} \cdot 30 + w_{36} \cdot 36 \\
= \; & \frac{49}{4}.
\end{aligned}$$

Wir erhalten das Quadrat des in Beispiel 1 ermittelten Wertes.

Wir betrachten zwei Ereignisse $\mathfrak{E}$ und $\mathfrak{F}$ mit den Merkmalen $\mathfrak{M}_1$, $\mathfrak{M}_2$, ..., $\mathfrak{M}_m$ und $\mathfrak{N}_1$, $\mathfrak{N}_2$, ..., $\mathfrak{N}_n$, den dazugehörigen Wahrscheinlichkeiten

$$w_1, w_2, \ldots, w_m \quad \text{und} \quad v_1, v_2, \ldots, v_n$$

sowie den Gewinnen

$$x_1, x_2, \ldots, x_m \quad \text{und} \quad y_1, y_2, \ldots, y_n.$$

Sinngemäß zur Definition 3 haben wir bei der Festlegung der mathematischen Hoffnung für die Gewinnsummen die Summe $x_i + y_k$ dem Merkmal zuzuordnen, das in dem gleichzeitigen Eintreffen der Merkmale $\mathfrak{M}_i$ und $\mathfrak{N}_k$ besteht, das also — die Unabhängigkeit der Ereignisse $\mathfrak{E}$ und $\mathfrak{F}$ vorausgesetzt — mit der Wahrscheinlichkeit $w_i \cdot v_k$ zu erwarten ist.

Wir erhalten

$$M(\mathfrak{E}\mathfrak{F}, x + y) = \sum_{i=1}^{m} \sum_{k=1}^{n} w_i \cdot v_k \cdot (x_i + y_k). \tag{23}$$

Durch Umformung ergibt sich[1])

$$\sum_{i=1}^{m} \sum_{k=1}^{n} w_i \cdot v_k \cdot (x_i + y_k) = \sum_{i=1}^{m} w_i \cdot x_i \cdot \sum_{k=1}^{n} v_k + \sum_{i=1}^{m} w_i \cdot \sum_{k=1}^{n} v_k \cdot y_k.$$

---

[1]) Dem im Rechnen mit Summensymbolen wenig geübten Leser sei empfohlen, die Umformung für $i = 1, 2, 3$ und $k = 1, 2$ explizit durchzuführen. Er wird die Richtigkeit der Gleichungen dann sehr schnell einsehen.

Nach Voraussetzung (Definition 3) ist aber

$$\sum_{i=1}^{m} w_i = 1 \quad \text{und} \quad \sum_{i=1}^{n} v_k = 1$$

so daß wir

$$M(\mathfrak{E}\mathfrak{F}, x + y) = \sum_{i=1}^{m} w_i \cdot x_i + \sum_{k=1}^{n} v_k \cdot y_k$$

erhalten, was nichts anderes bedeutet als

$$M(\mathfrak{E}\mathfrak{F}, x + y) = M(\mathfrak{E}, x) + M(\mathfrak{F}, y) \tag{24}$$

In Worten:

Lehrsatz 8:

> **Ordnet man dem Zusammentreffen je eines Merkmals zweier voneinander unabhängiger Ereignisse die Summe der den beiden einzelnen Ereignissen zugeordneten Gewinngrößen zu, so erhält man als mathematische Hoffnung der gemeinsam betrachteten Ereignisse die Summe der mathematischen Hoffnungen der Einzelereignisse.**

Der Lehrsatz 8, der sich übrigens ohne weiteres auf mehr als zwei Ereignisse ausdehnen läßt, wird häufig in der nicht ganz klaren Form ausgesprochen: „Die mathematische Hoffnung für eine Summe ist der Summe der mathematischen Hoffnungen gleich".

Unser obiges Beispiel 2 bestätigt diesen Lehrsatz.

Ordnen wir dem gleichzeitigen Eintreffen des Merkmals $\mathfrak{M}_i$ von $\mathfrak{E}$ mit dem Merkmal $\mathfrak{N}_k$ von $\mathfrak{F}$ das Produkt der Gewinne x_i und y_k zu, so erhalten wir für die mathematische Hoffnung

$$M(\mathfrak{E}\mathfrak{F}, x \cdot y) = \sum_{i=1}^{m} \sum_{k=1}^{n} w_i \cdot v_k \cdot x_i \cdot y_k = \sum_{i=1}^{m} w_i \cdot x_i \cdot \sum_{k=1}^{n} v_k \cdot y_k \tag{25}$$

oder

$$M(\mathfrak{E}\mathfrak{F}, x \cdot y) = M(\mathfrak{E}, x) \cdot M(\mathfrak{F}, y). \tag{26}$$

In Worten:

Lehrsatz 9:

> **Ordnet man dem Zusammentreffen je eines Merkmals zweier voneinander unabhängiger Ereignisse das Produkt der den beiden einzelnen Ereignissen zugeordneten Gewinngrößen zu, so erhält man als mathematische Hoffnung der gemeinsam betrachteten Ereignisse das Produkt der mathematischen Hoffnungen der Einzelereignisse.**

Auch dieser Lehrsatz läßt sich auf mehr als zwei Ereignisse erweitern; eine bekannte, aber unklare Formulierung lautet: „Die mathematische Hoffnung für ein Produkt ist dem Produkt der mathematischen Hoffnungen gleich."

Beispiel 3 bestätigte diesen Lehrsatz.

Anmerkung:

Bei beiden Lehrsätzen 8 und 9 haben wir die Unabhängigkeit der beiden in Rede stehenden Ereignisse vorausgesetzt. Tatsächlich ist diese Bedingung aber lediglich für Lehrsatz 9 notwendig; Lehrsatz 8 gilt auch für abhängige Ereignisse. Wir wollen es dem Leser überlassen, sich über die Gründe dieses Unterschiedes Gedanken zu machen, und uns damit begnügen, diese Tatsache an zwei weiteren, den ersten entsprechenden Beispielen zu erläutern.

Weitere Beispiele:

4. Wir fragen nach der mathematischen Hoffnung beim Werfen eines einzigen Würfels, wenn die Gewinngröße jeweils die dreifache Augenzahl ist. Wir denken uns den Wurf durch drei Würfe ersetzt, die alle jedesmal dieselbe Augensumme zeigen. Dann haben wir drei Ereignisse, die nun nicht mehr voneinander unabhängig sind, und setzen als Gewinngröße die Summe der drei gleichen Augenzahlen ein. Wie sich leicht zeigen läßt, erhalten wir

$$M(\mathfrak{W}, a + a + a) = \frac{21}{2},$$

also den dreifachen Wert von $M(\mathfrak{W}, a)$.

5. Fragen wir nun noch nach der mathematischen Hoffnung beim Werfen eines Würfels, wobei wir die Quadrate der Augenzahlen als Gewinngrößen betrachten, so können wir uns den einen Wurf wieder durch zwei Würfe mit gleichem Ergebnis ersetzt denken. Daß der Lehrsatz 9 bzw. die Formel (26) nicht anwendbar ist, weil die so definierten Ereignisse offenbar nicht voneinander unabhängig sind, erkennt man, wenn man die mathematische Hoffnung ausrechnet. Es wird

$$M(\mathfrak{W}, a \cdot a) = \frac{1}{6} \cdot 1 + \frac{1}{6} \cdot 4 + \frac{1}{6} \cdot 9 + \frac{1}{6} \cdot 16 + \frac{1}{6} \cdot 25 + \frac{1}{6} \cdot 36 = \frac{91}{6} \cdot$$

Der ermittelte Wert ist größer als das Quadrat von $M(\mathfrak{W}, a) = \frac{7}{2} \cdot$

§ 7. Spielprobleme

Ein Spiel, dessen Ausgang völlig dem Zufall unterliegt, nennen wir ein Glücksspiel. Dazu gehören Lotterien, Lottos, Roulette, Würfelspiele, manche Kartenspiele und andere. Die gebräuchlichsten Kartenspiele (Skat,

3*

Whist, Doppelkopf) unterliegen neben dem Zufall, der sich im wesentlichen in der Kartenverteilung auswirkt, in erster Linie der Geschicklichkeit des einzelnen Spielers. Das Wetten beim Pferderennsport sowie das sogenannte Fußballtoto sind zum größeren Teil dem Zufall, zum kleineren der Geschicklichkeit, die hier mehr auf die Kenntnis der Pferde bzw. der Mannschaften zurückzuführen ist, unterworfen. Andere Spiele wiederum sind reine Geschicklichkeitsspiele. Bei ihrem Verlauf spielt der Zufall gar keine oder doch nur eine ganz untergeordnete Rolle. Hier sei vor allem das Schachspiel genannt, bei dem jeder Spieler jedesmal die gleiche Ausgangsposition besitzt, wenn wir von dem geringfügigen Vorteil absehen wollen, der sich einem Spieler dadurch bietet, daß einer den ersten Zug zu machen hat. Auf bestimmte Fragen, die ein Geschicklichkeitsspiel aufwirft, werden wir am Schluß dieses Paragraphen noch kurz zu sprechen kommen. In erster Linie sollen uns aber zunächst einmal die reinen Glücksspiele beschäftigen.

Grundlage für die Bewertung eines Glücksspieles bildet der im vorigen Paragraphen eingeführte Begriff der mathematischen Hoffnung $\mathfrak{M}$ ($\mathfrak{E}$, x). Dieser Wert gibt die Gewinnchance des Spielers an, der mit den Wahrscheinlichkeiten w_1, w_2, ..., w_n die Gewinne x_1, x_2, ..., x_n zu erwarten hat. Die mathematische Hoffnung ist ein konstanter Wert. Es liegt im Wesen des Zufalls, daß es keine Möglichkeit gibt, irgendein einzelnes Versuchsergebnis vorauszubestimmen oder durch ein wie auch immer geartetes „System" die Wahrscheinlichkeiten w_1, w_2, ..., w_n zu verändern. Selbst wenn also beim Werfen eines Würfels 20 mal nacheinander die „6" gefallen ist, so ist die Wahrscheinlichkeit dafür, daß sie beim 21. Male wieder fällt, wiederum $\dfrac{1}{6}$ und nicht etwa durch das vorherige gehäufte Auftreten der „6" kleiner geworden. Genau so wenig würde der Wert der Wahrscheinlichkeit steigen, wenn das Erscheinen der „6" einmal für auffallend lange Zeit ausbliebe. Der Wert der mathematischen Hoffnung könnte aber — feste Gewinngrößen vorausgesetzt — nur durch Veränderung der Wahrscheinlichkeiten vergrößert oder verkleinert werden. Diese Erkenntnis pflegt man in dem **Satz vom ausgeschlossenen Spielsystem** zu formulieren:

Es gibt kein System, mit Hilfe dessen der Teilnehmer an einem reinen Glücksspiel seine Gewinnchance vergrößern könnte.

In den internationalen Spielsälen tauchen ja immer wieder „Erfinder" eines angeblich „todsicheren" Systems auf, die dieses System dann so lange anwenden, bis zu große Verluste sie zum Ruin und zu der traurigen Erkenntnis der Richtigkeit obigen Satzes führen. Diese Menschen sind mit den anscheinend nicht aussterbenden „Erfindern" eines „perpetuum mobile" vergleichbar. Nun, so problemlos, wie hier absichtlich zunächst einmal dargestellt, sind diese Dinge nicht. Wir werden in dem Beiheft

Nr. 9, „Die moderne Wahrscheinlichkeitsrechnung", noch einmal darauf
zurückkommen.

Wir nennen ein Glücksspiel gerecht oder billig, wenn die mathematische
Hoffnung für jeden Teilnehmer den Wert 0 besitzt. Diese Bedingung kann
dadurch erfüllt sein, daß die mathematische Hoffnung in bezug auf die von
ihm zu erwartenden Gewinne ebenso groß ist wie die mathematische Hoffnung in bezug auf die zu zahlenden „Gewinne", dann sinngemäßer „Verluste" genannt. Sie kann aber auch dadurch erreicht werden, daß der
Spieler den Betrag der sich für ihn ergebenden mathematischen Hoffnung
durch einen ebenso großen „Einsatz" ausgleicht.

Die erste Art würde z. B. vorliegen, wenn zwei Spieler abwechselnd würfeln
und jeder von dem anderen so viele Pfennige erhält, wie er Augen geworfen
hat. Auf die zweite Art kann die Bedingung $M = 0$ erfüllt werden, wenn
ein Bankhalter eine Reihe von Spielern mit einem Würfel würfeln läßt, jede
geworfene Augensumme in Mark auszahlt und dafür für jeden Wurf den
Wert der mathematischen Hoffnung in Mark, nach unserer Berechnung
also 3,5 Mark kassiert. Bei einem derartigen billigen Spiel wird keiner der
Beteiligten mit ständigen Gewinnen oder Verlusten zu rechnen brauchen.

Die gesetzlich genehmigten Glücksspiele, wie Lotterien und Zahlenlottos,
sind in dem angegebenen Sinne niemals gerechte Spiele, da die mathematische
Hoffnung für den einzelnen Spieler stets kleiner ist als sein Einsatz. Der
im voraus zu berechnende Überschuß wird zu einem Teil für die Verwaltung
verbraucht und fließt zu einem anderen einem bestimmten Zweck zu.

Bei dem Zahlenlotto sind die Höhe der Gewinne und damit die mathematische Hoffnung von der Anzahl der Gewinner in dem entsprechenden Rang
abhängig. Entspricht die Zahl der Gewinner genau der Wahrscheinlichkeit,
so ist die mathematische Hoffnung genau der Hälfte des Einsatzes gleich.
Dies wird dadurch erreicht, daß die Hälfte der gesamten Eingänge als
Gewinne ausgezahlt werden, so daß deren Höhe sich nach der Zahl der
Teilnehmer und der Zahl der Gewinner richtet. Genaueres wird im Beispiel 1
ausgeführt.

Beispiele:

1. Zahlenlotto

Im Beiheft „Kombinatorik" (§ 3, Beispiel 10) wurden die Möglichkeiten,
in die 1., 2., 3. oder 4. Gewinnklasse zu gelangen, berechnet. Dabei
ergab sich $g_1 = 1$; $g_2 = 258$; $g_3 = 13\,545$; $g_4 = 246\,820$. In § 2 dieses Heftes, Aufgabe 10, war nach den dazugehörigen Wahrscheinlichkeiten ge-

fragt, für die sich unter Berücksichtigung der Tatsache, daß 13 983 816 verschiedene Ziehungen möglich sind, ergibt:

$$w_1 = \frac{Z_6}{K_6\,(49)} = \frac{1}{13\,983\,816} \approx 0{,}000\,000\,071\,511\,24$$

$$w_2 = \frac{Z_5}{K_6\,(49)} = \frac{258}{13\,983\,816} = \frac{43}{2\,330\,636} \approx 0{,}000\,018\,449\,90$$

$$w_3 = \frac{Z_4}{K_6\,(49)} = \frac{13\,545}{13\,983\,816} = \frac{645}{665\,896} \approx 0{,}000\,968\,619\,7$$

$$w_4 = \frac{Z_3}{K_6\,(49)} = \frac{246\,820}{13\,983\,816} = \frac{8815}{499\,422} \approx 0{,}017\,650\,40$$

Die mathematische Hoffnung für jeden Spieler ist daher

$$M\,(\mathfrak{Z},G) = w_1 \cdot G_1 + w_2 \cdot G_2 + w_3 \cdot G_3 + w_4 \cdot G_4,$$

wobei G_1, G_2, G_3, G_4 die in den vier Gewinnklassen gezahlten Gewinne bedeuten. Nehmen nun N Spieler mit dem Einsatz a an dem Lotto teil, so wird die Gesamteinnahme $a \cdot N$ zunächst halbiert; der Betrag $\dfrac{a \cdot N}{2}$ wird nochmals in vier gleiche Teile geteilt und jeder Teil in Höhe von $\dfrac{a \cdot N}{8}$ auf die Gewinner einer Gewinnklasse verteilt, so daß

$$G_1 = \frac{a \cdot N}{8 \cdot N_1}, \quad G_2 = \frac{a \cdot N}{8 \cdot N_2}, \quad G_3 = \frac{a \cdot N}{8 \cdot N_3}, \quad G_4 = \frac{a \cdot N}{8 \cdot N_4}$$

die Gewinne sind, wobei N_1 die Zahl der Gewinner der ersten Gewinnklasse, N_2 die Zahl der Gewinner der zweiten Gewinnklasse und so fort bedeuten. Es ergibt sich daraus

$$M\,(\mathfrak{Z},G) = w_1 \cdot \frac{a \cdot N}{8 \cdot N_1} + w_2 \cdot \frac{a \cdot N}{8 \cdot N_2} + w_3 \cdot \frac{a \cdot N}{8 \cdot N_3} + w_4 \cdot \frac{a \cdot N}{8 \cdot N_4}$$

$$= \frac{a \cdot N}{8} \cdot \left(\frac{w_1}{N_1} + \frac{w_2}{N_2} + \frac{w_3}{N_3} + \frac{w_4}{N_4} \right).$$

Das Verhältnis der Zahl der Gewinner in einer Gewinnklasse zu der Zahl der Teilnehmer wird nun im Idealfall der Wahrscheinlichkeit, in dieser Klasse zu gewinnen, gleich sein:

$$\frac{N_1}{N} = w_1, \qquad \frac{N_2}{N} = w_2, \qquad \frac{N_3}{N} = w_3, \qquad \frac{N_4}{N} = w_4$$

Dann wird

$$\frac{w_1}{N_1} = \frac{w_2}{N_2} = \frac{w_3}{N_3} = \frac{w_4}{N_4} = \frac{1}{N}$$

und

$$M\left(\mathfrak{Z},G\right) = \frac{a \cdot N}{8} \cdot \frac{4}{N} = \frac{a}{2}.$$

Die mathematische Hoffnung ist in diesem Idealfall der Hälfte des Einsatzes gleich. Ist die Zahl der Gewinner einer Gewinnklasse größer, als nach dem Wert der Wahrscheinlichkeit zu erwarten ist, so wird die mathematische Hoffnung kleiner und umgekehrt.

Die Unterteilung der Gewinnklasse II mit Hilfe der Zusatzzahl (vgl. Kombinatorik, § 3, Beispiel 10a) ändert an der Sachlage grundsätzlich nichts. Die mathematische Hoffnung bleibt unverändert. Die Gewinner der Klasse II a (5 Richtige mit richtiger Zusatzzahl) steht zu der Zahl der Gewinner der Klasse II b (5 Richtige ohne richtige Zusatzzahl) in demselben Verhältnis wie die entsprechenden Wahrscheinlichkeiten, nämlich wie 1 : 42 (vgl. auch § 2, Übungsaufgabe 10).

2. Die Kartenlotterie

Der Bankhalter verkauft an die Teilnehmer Karten eines Spieles von 32 Blatt zu einem beliebigen Preise, den der Teilnehmer bestimmen kann. Nach Beendigung des Verkaufs nimmt der Bankhalter ein zweites gleichartiges Kartenspiel zur Hand. Hat ein Teilnehmer die Karte gekauft, die in dem zweiten Spiel zu unterst liegt, so erhält er seinen Einsatz zurück. Sodann beginnt das eigentliche Spiel, das in dem Aufdecken der obersten 9 Karten des zweiten Kartenspiels durch den Bankhalter besteht. Dabei werden je zwei Karten nebeneinandergelegt, so daß vier Reihen zu je zwei Karten und darunter eine weitere, die neunte Karte, offen auf dem Tisch liegen. Für eine Karte, die der Teilnehmer in der ersten Reihe der aufgedeckten Karten wiederfindet, erhält er seinen Einsatz zurück, für jede Karte der zweiten Reihe das Doppelte des Einsatzes, für jede Karte der dritten bzw. vierten Reihe das Dreifache bzw. Vierfache des Einsatzes, für die letzte Karte, „das große Los", schließlich erhält er den neunfachen Betrag seines Einsatzes.
Wir berechnen die mathematische Hoffnung.

Die Wahrscheinlichkeit dafür, daß der Teilnehmer seine Karte als unterste im zweiten Spiel wiederfindet, bezeichnen wir mit w_0, daß er sie in der ersten, zweiten, dritten oder vierten aufgedeckten Reihe findet, mit w_1, w_2, w_3 und w_4; die Wahrscheinlichkeit schließlich, das große Los zu gewinnen, sei w_9. Dann wird

$$w_0 = \frac{1}{32}; \; w_1 = w_2 = w_3 = w_4 = \frac{1}{16}; \; w_9 = \frac{1}{32}.$$

Wenn a der Einsatz für die Karte ist, ergibt sich für die mathematische Hoffnung

$$M(\mathfrak{K}, na) = w_0 \cdot a + w_1 \cdot a + w_2 \cdot 2a + w_3 \cdot 3a + w_4 \cdot 4a + w_9 \cdot 9a$$

$$= \frac{3}{32} \cdot a + \frac{1}{8} \cdot a + \frac{3}{16} \cdot a + \frac{1}{4} \cdot a + \frac{9}{32} \cdot a = \frac{15}{16} \cdot a$$

Das Spiel wird also für den Bankhalter etwas günstiger verlaufen als für jeden Teilnehmer. Unter Berücksichtigung des Einsatzes, den der Teilnehmer zahlt und der Bankhalter erhält, ist die mathematische Hoffnung für den Bankhalter in bezug auf jede verkaufte Karte

$$M_b = a - \frac{15}{16} a = \frac{1}{16} a$$

und für den Teilnehmer

$$M_t = \frac{15}{16} a - a = - \frac{1}{16} a.$$

3. Das Petersburger Problem

Der Bankhalter Peter wirft eine Münze so lange, bis sie Wappen zeigt. Geschieht dies beim ersten Male, so hat Peter dem Spielpartner Paul einen Dukaten zu geben; geschieht es erst beim zweiten Wurf, so erhält Paul 2 Dukaten. Wird Wappen erst beim dritten Wurf erreicht, so zahlt Peter 4 Dukaten, bei jeder weiteren Verzögerung des Wappenwurfes das Doppelte, so daß man allgemein sagen kann: Fällt beim k-ten Wurf zum ersten Male Wappen, so hat Peter dem Paul 2^{k-1} Dukaten zu zahlen. **Wir fragen:** Welchen Einsatz hat Paul zu leisten, um das Spiel zu einem gerechten zu machen?

Die Wahrscheinlichkeit, beim ersten Wurf Wappen zu werfen, ist $w = \frac{1}{2}$; die Wahrscheinlichkeit dafür, daß Wappen noch nicht beim ersten, aber beim zweiten Wurf fällt, ist gemäß Lehrsatz **3**

$$w^2 = \frac{1}{4} \cdot$$

Entsprechend ergibt sich als Wahrscheinlichkeit dafür, daß Wappen erst beim dritten, vierten usw. Wurf fällt,

$$w^3 = \frac{1}{8}, \quad w^4 = \frac{1}{16}$$

usw.

Damit ergibt sich für die mathematische Hoffnung der Wert

$$M(\mathfrak{P}, 2^n) = \frac{1}{2} \cdot 1 + \frac{1}{4} \cdot 2 + \frac{1}{8} \cdot 4 + \frac{1}{16} \cdot 8 + \cdots = \infty.$$

In Worten: Paul kann einen noch so hohen Einsatz tun, das Spiel ist stets für ihn günstiger als für Peter. Um beiden die gleichen Gewinnchancen zu geben, müßte sein Einsatz unendlich groß sein.

Dieses Ergebnis ist in der Tat höchst bemerkenswert; es ist daher nicht verwunderlich, daß man früher in diesem, zuerst von *Nicolaus Bernoulli* (1687 bis 1759) aufgeworfenen Problem eine der vielen Paradoxien der Wahrscheinlichkeitsrechnung gefunden zu haben glaubte. Nach dem obigen Ergebnis ist Paul stets im Vorteil, wenn er auch einen noch so hohen Einsatz wagt. Der gesunde Menschenverstand sagt dagegen, es wäre töricht von Paul gehandelt, würde er auch nur einen einigermaßen beträchtlichen Einsatz zahlen.

Zur Erklärung dieses scheinbaren Widerspruchs kann man folgende Überlegungen heranziehen:

a) Die **beschränkte Zahlungsfähigkeit** Peters. Jeder Mensch erreicht bei irgendeinem Betrag die Grenze seiner Zahlungsfähigkeit. Nimmt man beispielsweise an, Wappen würde erst beim 21. Wurf erscheinen, so hat Peter bereits über eine Million Dukaten, nämlich 1 048 576 Dukaten zu zahlen. Selbst wenn er dies noch zahlen kann, aber damit seine Zahlungsfähigkeit im wesentlichen erschöpft ist, muß sich Paul mit diesem Betrag auch dann begnügen, wenn das Wappen noch später erscheinen sollte. Vom 22. Summanden an haben die Glieder der mathematischen Hoffnung dann nicht mehr den Wert $\frac{1}{2}$, sondern die immer kleiner werdenden Werte $\frac{1}{4}, \frac{1}{8}, \frac{1}{16}, \frac{1}{32}, \ldots$, deren Gesamtsumme unter dem Wert 1 bleibt. Damit ist die mathematische Hoffnung endlich und erhält den verhältnismäßig kleinen Wert von höchstens 11 Dukaten.

b) Die **beschränkte Lebensdauer** jedes Spielers. Man tut stets gut daran, von der Erwerbung des Anspruches auf einen Gewinn, der mit äußerst kleiner Wahrscheinlichkeit zu erwarten ist, abzusehen. Die Wahrscheinlichkeit, bei dem in Rede stehenden Spiel die großen Gewinne zu erzielen, ist sehr klein. Die Wahrscheinlichkeit, den obengenannten Millionengewinn zu erhalten, ist beispielsweise $w = \dfrac{1}{2\,097\,152}$.

Um diesen Gewinn mit einer Wahrscheinlichkeit erwarten zu können, die größer als $\frac{1}{2}$ ist, müßte man deshalb gemäß Lehrsatz 5 bereits über 1,5 Millionen mal spielen. Praktisch werden diese großen Gewinne deshalb niemals zu erhoffen sein.

c) *Daniel Bernoulli* hat versucht, die scheinbare Paradoxie mit Hilfe des von ihm eingeführten Begriffs der **„moralischen Hoffnung"** zu lösen. Der Begriff geht auf die Tatsache zurück, daß ein bestimmter Geldbetrag für einen armen Menschen einen höheren Wert besitzt als für einen reichen. Mit der Anerkennung dieser Tatsache kann man einem in Aussicht stehenden großen Gewinn nicht mehr den vollen mathematischen Wert zubilligen. Denn stellt man sich die Einkassierung des Gewinns in gleichen Raten vor, so wird der „Wert" jeder Rate kleiner sein als der der vorhergehenden, da sich das Vermögen inzwischen erhöht hat. *Bernoulli* setzt die „Bedeutung" dy eines Vermögenszuwachses dx diesem Vermögenszuwachs direkt, aber dem Vermögen x umgekehrt proportional. Ist k der Proportionalitätsfaktor, so setzen wir mit *Bernoulli* $dy = \dfrac{k \cdot dx}{x}$, woraus wir durch Integration den „moralischen Wert der Vermögensänderung" y erhalten:

$$y = k \cdot \int\limits_{a}^{x} \frac{dx}{x} = k \cdot \ln \frac{x}{a}. \tag{27}$$

Hierbei bedeutet a den ursprünglichen Betrag des Vermögens; die absolute Vermögensänderung, deren „moralischer Wert" y ist, ist $x - a$.

Verwendet man in der Formel für die mathematische Hoffnung an Stelle der Gewinne x_i die gemäß (27) gebildete „moralische Wertänderung"

$$y_i = k \cdot \ln \frac{a + x_i}{a},$$

so erhält man

$$M\,(\mathfrak{E}, y) = \sum_{i=1}^{n} w_i \cdot k \cdot \ln \frac{a + x_i}{a} = k \cdot \ln \prod_{i=1}^{n} \left(\frac{a + x_i}{a} \right)^{w_i}. \tag{28}$$

Bernoulli versteht nun unter der moralischen Hoffnung $D(\mathfrak{E}, x)$ diejenige Vermögensänderung, deren „moralischer Wertzuwachs" dem Ausdruck (28) gleich ist.

$$k \cdot \ln \frac{a + D\,(\mathfrak{E}, x)}{a} = k \cdot \ln \prod_{i=1}^{n} \left(\frac{a + x_i}{a} \right)^{w_i},$$

also

$$D\,(\mathfrak{C},\,x) = \prod_{i=1}^{n} (a + x_i)^{w_i} - a \quad \text{mit} \quad \sum_{i=1}^{n} w_i = 1 \quad \text{und} \quad a \geqq 0. \quad (29)$$

Für das Petersburger Problem ergibt sich:

$$D\,(\mathfrak{P},\,2^n) = \prod_{i=1}^{\infty} (a + 2^{i-1})^{\left(\frac{1}{2}\right)^i} - a \qquad (30)$$

Dieser Ausdruck ist im Gegensatz zu dem Wert der mathematischen Hoffnung endlich.

4. Im Anschluß an die Besprechung des Petersburger Problems lohnt es sich, kurz auf ein bestimmtes, oft genanntes „Spielsystem" einzugehen. Dieses System bezieht sich auf jedes Glücksspiel, bei dem man eine bestimmte Nummer oder ein bestimmtes Los selbst wählen und den Einsatz selbst bestimmen kann, und besteht darin, bei mehreren aufeinanderfolgenden Spielen stets dieselbe Nummer zu wählen, den Einsatz jedesmal zu verdoppeln und das Spielen erst nach einem Gewinn abzubrechen. Man geht dabei von der Erwartung aus, daß einmal diese Nummer ja gewinnen müsse, wenn man nur lange genug darauf wartet.

Dieses „System" hat tatsächlich dann einen gewissen Sinn, wenn die Spielbedingungen so sind, daß ein eventueller Gewinn in jedem Falle mindestens doppelt so hoch ist wie der Einsatz. Denn von der geometrischen Reihe

$$1,\ 2,\ 4,\ 8,\ 16,\ 32,\ 64,\ \ldots$$

ist jede Teilsumme vom ersten bis zum $(n-1)$-ten Gliede um 1 kleiner als das n-te Glied. Gewinnt man also, so erhält man stets einen Betrag, der größer ist als die Summe aller bis dahin eingezahlten Beträge, so daß alle eventuellen vorherigen Verluste mit einem Schlage ausgeglichen sein müssen und im günstigen Falle noch ein beträchtlicher Gewinn übrig bleibt. Aber auch hierbei ist wieder ein „Haken"; dieser besteht in der begrenzten Zahlungsfähigkeit und der begrenzten Spieldauer. Jede dieser beiden Gegebenheiten kann dem Spieler einen Strich durch die Rechnung machen. Wenn das Vermögen des Spielers durch die laufenden Einsätze verbraucht ist, die bei steter Verdoppelung bekanntlich bald ungeheuer schnell anwachsen, muß er eben mit dem Spielen aufhören; dasselbe ist der Fall, wenn der Unternehmer in einem ungünstigen Augenblick das Spiel beendet. Die Chance, zu einem Gewinn zu kommen, ist umso größer, mit je kleineren Beträgen man beginnt und je kleiner die Anzahl der im Spiel befindlichen Nummern oder Lose ist, aber umso kleiner ist natürlich auch der zu erwartende Gewinn. Jedermann sei deshalb vor der Anwendung dieses „Systems", das schon manchen um Hab und Gut gebracht hat, eindringlich gewarnt.

5. Das Fußballtoto als Beispiel für ein nicht reines Glücksspiel

Der Teilnehmer des Fußballtotos hat den Ausgang von 11 Fußballspielen vorauszusagen; bei jedem der Spiele hat er die Wahl zwischen Gewinn der Mannschaft A, Gewinn der Mannschaft B und unentschiedenem Spielverlauf. Hat er in dieser Weise den Ausgang aller Spiele richtig vorausgesagt, so ist er Gewinner des ersten Ranges. Ist nur ein Spiel falsch vorausgesagt, so gewinnt er im zweiten Rang; bei zwei Fehlern schließlich hat er im dritten Rang gewonnen. Er hat (vgl. Anhang B, Defination 7 und Lehrsatz 11) $V'_3(11) = 3^{11} = 177\,147$ verschiedene Möglichkeiten, den Totozettel auszufüllen. Von diesen 3^{11} verschiedenen Voraussagen ist nur eine einzige die richtige und damit fehlerlos; $2 \cdot K_1(11) = 22$ von ihnen enthalten einen Fehler, und $4 \cdot K_2(11) = 220$ unterscheiden sich in je zwei Spielen von dem richtigen Ergebnis.

Nehmen wir an, daß der Ausgang der Fußballspiele lediglich dem Zufall unterliege, oder setzen wir voraus, daß der Totospieler vor Ausfüllen des Totozettels nichts von der Spielstärke der Mannschaften und den sonstigen Nebenbedingungen wüßte, die Einfluß auf den Spielausgang haben können, so dürfen wir das Toto als reines Glücksspiel ansehen. In dem Falle wären

$$w_1 = \frac{1}{177\,147}, \qquad w_2 = \frac{22}{177\,147}, \qquad w_3 = \frac{220}{177\,147}$$

die Wahrscheinlichkeiten für das Erreichen des ersten, zweiten und dritten Ranges. Die mathematische Hoffnung eines jeden Tototeilnehmers wäre dann

$$M(\mathfrak{T}, G) = w_1 \cdot G_1 + w_2 \cdot G_2 + w_3 \cdot G_3 = \frac{G_1 + 22 \cdot G_2 + 220 \cdot G_3}{177\,147}, \qquad (31)$$

wobei G_1, G_2, G_3 die für den ersten, zweiten und dritten Rang festgesetzten Gewinne bedeuten.

Die Berechnung und Ausschüttung der Gewinne werden beim Toto nun ganz genau so wie beim Zahlenlotto (Beispiel 1) vorgenommen, jedoch gibt es beim Toto nur drei Gewinnränge. Es gilt daher

$$G_1 = \frac{a \cdot N}{6 \cdot N_1}, \qquad G_2 = \frac{a \cdot N}{6 \cdot N_2}, \qquad G_3 = \frac{a \cdot N}{6 \cdot N_3}. \qquad (32)$$

Dabei bedeuten

a den Spieleinsatz jedes Teilnehmers,

N die Gesamtzahl der Teilnehmer und

N_1, N_2, N_3 die Anzahlen der Gewinner in den drei Rängen.

Im Idealfall wäre auch hier

$$\frac{N_1}{N} = w_1, \qquad \frac{N_2}{N} = w_2, \qquad \frac{N_3}{N} = w_3,$$

so daß dann wieder

$$M\,(\mathfrak{T},\,G) = \frac{a}{2} \qquad\qquad (33)$$

würde. Tatsächlich ist aber das Ergebnis der Fußballspiele nicht vom Zufall allein abhängig, sondern von zahlreichen Nebenbedingungen, z. B. der Stärke der Mannschaften, dem sogenannten Platzvorteil, dem Wetter und anderem. Alle diese Bedingungen sind mehr oder weniger den Teilnehmern des Totos bekannt und wirken sich dahingehend aus, daß die Quotienten

$$\frac{N_1}{N}, \qquad \frac{N_2}{N} \quad \text{und} \quad \frac{N_3}{N}$$

wesentlich von den oben (31) errechneten Zahlenwerten w_1, w_2 und w_3 abweichen. Entspricht der wirkliche Spielverlauf den Erwartungen eines großen Teiles der Teilnehmerschaft, so wird

$$\frac{N_1}{N} > w_1, \qquad \frac{N_2}{N} > w_2 \quad \text{und} \quad \frac{N_3}{N} > w_3$$

werden. Das bedeutet eine Abnahme der Gewinnsätze und ein Absinken der mathematischen Hoffnung unter den Wert $\frac{a}{2}$. Man spricht von einem „Favoritensieg". Widerspricht dagegen der Ausgang vieler Spiele den Erwartungen zahlreicher Teilnehmer, so werden die Quotienten $\frac{N_i}{N}$ kleiner als die Zahlen w_i; die Folge sind hohe „Gewinnquoten" und eine mathematische Hoffnung, die größer als $\frac{a}{2}$ ist. Allerdings haben die Werte w_1, w_2, w_3 ihre eigentliche Bedeutung als Wahrscheinlichkeiten und damit der Ausdruck für die mathematische Hoffnung seinen ursprünglichen Sinn verloren, da unsere Definition der mathematischen Wahrscheinlichkeit (Definition 1) sich nur auf Ereignisse bezieht, die lediglich dem Zufall unterliegen.

Die Verquickung von Zufall und Einfluß erkennbarer und teilweise einkalkulierbarer Ursachen bringt es mit sich, daß der Satz vom ausgeschlossenen Spielsystem (Seite 32) nicht uneingeschränkt gilt. Dies machen sich einige Unternehmen zunutze, die bestimmte „Systeme" zur Erreichung größerer Gewinnchancen beim Toto empfehlen. Würde man jeden Spielausgang als gleichwahrscheinlich („gleichmöglich") ansehen, so würde sich kein System lohnen, weil der Wert der mathematischen Hoffnung konstant bleibt. Man geht deshalb von sogenannten „Bänken" aus; d. h. man nimmt an, daß der Ausgang einiger bestimmter unter den 11 Fußballspielen von vornherein feststeht.

Nimmt man beispielsweise 5 Bänke an, betrachtet man mit anderen Worten den Ausgang von 5 unter den 11 Fußballspielen als feststehend, so bleibt nur das Ergebnis der restlichen 6 Spiele ungewiß. Unter diesen sind nur noch $V_6'(3) = 3^6 = 729$ verschiedene Spielausgänge möglich[1]), von denen einer wirklich eintreffen wird. $2 \cdot K_1(6) = 12$ von den Tipmöglichkeiten unterscheiden sich nur in einem, $4 \cdot K_2(6) = 60$ in zwei Spielen von dem richtigen Ergebnis[2]). Würde ich also 729 mal tippen und dabei alle 729 Möglichkeiten ausschöpfen, so würde mich das nur den 729 fachen Einsatz kosten, während ich die Sicherheit hätte, einmal im ersten, 12 mal im zweiten und 60 mal im dritten Rang zu gewinnen. Diese „Sicherheit" ist allerdings an die Bedingung geknüpft, daß die „Bänke" standhalten, daß also die 5 von der Variierung ausgeschalteten Spiele wirklich so ausfallen wie erwartet. Und hier liegt natürlich der „Hase im Pfeffer". Es zeigt sich immer wieder, daß es da große Überraschungen gibt, auch wenn man eine geringere Zahl von Bänken zugrunde legt, so daß die Verhältnisse an sich schon ungünstiger werden. Begnügte man sich mit der „Sicherheit" (diese in obigem Sinne gemeint), mindestens einmal in den 3. Rang zu gelangen, so käme man in unserem Beispiel sogar mit $V_4'(3) = 81$ Einsätzen aus. Denn alle Möglichkeiten brauchte man nur bei zwei Spielen weniger als 6, also bei 4 Spielen auszuschöpfen, weil zwei Fehler im dritten Rang zugelassen sind. Die Richtigkeit des Tips in den anderen beiden Spielen und damit die Möglichkeit, doch noch in den zweiten oder dritten Rang aufzusteigen, müßte man dann dem Zufall überlassen. Man erkennt, daß sich hier dem Spieler unübersehbar viele Möglichkeiten bieten. Die genannten „Unternehmer" vergrößern die Gewinnaussichten noch dadurch, daß sie Interessengemeinschaften von Spielern bilden, die die gleichen Bänke zugrunde legen wollen. Dadurch kann die Aussicht auf einen Gewinn bei gleichem Einsatz vergrößert werden; aber in demselben Maße verringert sich die Höhe des zu beanspruchenden eventuellen Gewinns.

Wir können an dieser Stelle die Dinge selbstverständlich nicht vollständig analysieren. Von unserem Beispiel ausgehend, wollen wir nur zusammenfassend folgendes allgemein feststellen:

1. Erfahrungsgemäß ist die Zahl der „Bänke" in der Praxis niemals so hoch, wie wir sie oben beispielhaft zugrunde gelegt haben (5 Bänke),

---

[1]) Vgl. Anhang B, Definition 7, Lehrsatz 11.
[2]) Vgl. Anhang B, Definition 3 und Lehrsatz 3

wenn sie einigermaßen sicher sein sollen. Die Einsätze werden daher bei jedem „System" doch noch wesentlich höher sein als oben errechnet.

2. Bestätigt der Spielverlauf die Richtigkeit der „Bänke", so wird die Wahrscheinlichkeit, daß man gewinnt, verhältnismäßig groß sein. (Wir können hier von Wahrscheinlichkeit sprechen, da die anderen Spiele als dem reinen Zufall unterliegend betrachtet werden.) Mit gewissen Mindesteinsätzen kann man sogar Sicherheit des Gewinnens erreichen. Je mehr Teilnehmer aber von den gleichen Bänken ausgegangen sind, umso bescheidener werden die Gewinne sein.

3. Das ganze „System" stürzt zusammen, wenn auch nur eine „Bank" versagt. Die Gewinne werden zwar sehr hoch sein, aber die Gewinnchancen sind für denjenigen, der sein System auf dieser „Bank" aufgebaut hat, besonders gering.

6. Über eine gerechte Punktverteilung beim Schachturnier

Der Verlauf eines Schachspieles wie jedes anderen reinen Geschicklichkeitsspieles entzieht sich vollständig wahrscheinlichkeitstheoretischer Überlegungen. Solche führen aber zu einer Punktbewertung der Teilnehmer eines Turniers, die mehr ihrer Spielstärke entspricht als die bloße Anzahl der gewonnenen Spiele. Die Ergebnisse eines Turniers, bei dem jeder Spieler gegen jeden anderen eine gewisse Anzahl von Spielen zu absolvieren hat, werden üblicherweise in eine Tabelle eingetragen, wobei ein gewonnenes Spiel mit 1, ein verlorenes mit 0 und ein unentschieden verlaufenes Spiel mit $\frac{1}{2}$ bewertet wird. Gegen eine solche Art der Punktverteilung ist einzuwenden, daß jede gewonnene Partie unabhängig davon, ob der Gewinn gegen einen guten oder einen miserablen Gegner erzielt wurde, gleich bewertet wird. Die Schwierigkeit der Festlegung einer gerechteren Punktbewertung liegt darin, daß in den einzelnen Zeilen der Tabelle die Spiele eines Spielers gegen verschieden starke Gegner aufgeführt sind, also Spiele, die nicht ohne weiteres vergleichbar sind. *Zermelo* hat ein Verfahren angegeben, nach dem man zu einer gerechteren Punktverteilung gelangen kann. Er ordnet jedem Spieler eine positive Zahl zu, die er Spielstärke nennt, und bestimmt ihre Werte nach folgendem Gedankengang:

1. Die Spielstärken sind proportional den Wahrscheinlichkeiten dafür, daß die Spieler überhaupt irgendwann ein Spiel gewinnen, wobei wir jetzt dahingestellt sein lassen, wie diese Wahrscheinlichkeiten zu definieren wären. Wir werden später sehen, daß sich die moderne Wahrscheinlichkeitsrechnung auf eine Definition der mathematischen

Wahrscheinlichkeit stützt, auf Grund deren diese Wahrscheinlichkeiten festgelegt und ermittelt werden können.

2. Aus den genannten Grundwahrscheinlichkeiten bzw. den ihnen proportionalen Spielstärken wird nach der *Bayes*schen Regel in jedem Einzelfall die Wahrscheinlichkeit dafür berechnet, daß der Spieler A gegen den Spieler B, der Spieler B gegen den Spieler A usw. gewinnt. Daraus wiederum läßt sich unter Zuhilfenahme der *Newton*schen Formel die Wahrscheinlichkeit für den Eintritt des vorliegenden Turnierergebnisses errechnen.

3. Die Spielstärken werden so bestimmt, daß die aus ihnen berechnete Wahrscheinlichkeit für den Eintritt des tatsächlichen Turnierergebnisses ein Maximum wird.

Es läßt sich zeigen, daß die auf die angegebene Weise ermittelten Spielstärken die Turnierteilnehmer in die gleiche Rangordnung setzen wie die übliche Punktverteilung. Für Spieler mit gleicher Anzahl gewonnener Spiele ergibt sich auch die gleiche Spielstärke. Beide Bewertungen unterscheiden sich aber im allgemeinen in den Abständen, in denen die Spieler aufeinander folgen.

Übungsaufgaben:

1. Ein Spielunternehmer zahlt für einen Wurf mit drei Würfeln
    a) den Betrag der Augensumme,
    b) den Betrag des Augenproduktes;
   für einen Wurf mit einem Würfel zahlt er
    c) den vierfachen Betrag der geworfenen Augen,
    d) den Betrag der dritten Potenz der geworfenen Augen.
   Wieviel kann er billigerweise in den Fällen a) bis d) als Einsatz für einen Wurf verlangen?

2. A wettet mit B auf 1,— DM, in einem Wurfe mit zwei Würfeln mindestens 5 und höchstens 7 Augen zu werfen. Welchen Betrag kann B dagegen wagen?

3. A wettet mit B, in einem Wurfe mit zwei Würfeln weniger als 5 oder mehr als 9 Augen zu werfen. Wer hat größere Aussicht, die Wette zu gewinnen?

4. A zieht aus einem Spiel von 32 Karten des B zwei Karten heraus. Er hat gewonnen, wenn er entweder zwei rote oder zwei schwarze Karten zieht; im anderen Falle hat B gewonnen. Wer hat größere Aussichten, das Spiel zu gewinnen?

5. A zieht aus einem Spiel von 32 Karten zwei Karten heraus. Er behauptet, entweder zwei Bilder oder kein Bild zu ziehen, und setzt dafür 1,— DM. B setzt 0,60 DM dagegen. Entsprechen diese Beträge den Gewinnaussichten? (Ein Spiel von 32 Karten enthält 12 Bilder.)

6. Beantworte die Frage von Aufgabe 5 für ein Kartenspiel von 52 Blatt, das ebenfalls 12 Bilder enthält.

7. Berechne den durchschnittlichen Wert eines Gewinnes, den ein Zahlenlottoteilnehmer in der Gewinnklasse III zu erwarten hat, wenn 1 000 000 Spieler sich mit einem Einsatz von je 0,50 DM beteiligen und die Hälfte des Gesamteinsatzes ausgeschüttet und auf 4 Ränge verteilt wird.

8. Wie viele Gewinner des ersten, zweiten und dritten Ranges gab es im 11er Fußballtoto, wenn bei 3 Millionen Teilnehmern und 50 prozentiger Gewinnausschüttung jeder Gewinner des ersten Ranges 15 625,— DM, jeder Gewinner des zweiten Ranges 714,29 DM und jeder Gewinner des dritten Ranges 62,50 DM erhielt?

§ 8. Das Gesetz der großen Zahlen

Ein Ereignis $\mathfrak{E}$ weise zwei einander ausschließende Merkmale $\mathfrak{M}$ und $\overline{\mathfrak{M}}$ und nur diese auf. Die dazugehörigen Wahrscheinlichkeiten seien mit w und $\overline{w}$ bezeichnet. Dann ist nach unserer Annahme $w + \overline{w} = 1$. Die *Newton*sche Formel (Lehrsatz 4) gibt uns die Wahrscheinlichkeit $w_\lambda(n)$ dafür an, daß in einer Serie von n Versuchen das Merkmal $\mathfrak{M}$ genau λ-mal, das Merkmal $\overline{\mathfrak{M}}$ also $(n - \lambda)$-mal eintrifft:

$$w_\lambda(n) = \binom{n}{\lambda} \cdot w^\lambda \cdot \overline{w}^{n-\lambda} \tag{34}$$

Für jedes λ, das die Werte von 0 bis n durchlaufen kann, wird sich im allgemeinen ein anderer Wahrscheinlichkeitswert $w_\lambda(n)$ ergeben. Wir fragen jetzt: Für welchen Wert von λ erhält $w_\lambda(n)$ seinen größten Wert? Mit anderen Worten: Bei wie vielen unter den n Versuchen wird das Merkmal $\mathfrak{M}$ mit der größtmöglichen Wahrscheinlichkeit erwartet werden können?

Zur Beantwortung dieser Frage errechnen wir die Wahrscheinlichkeit dafür, daß $\mathfrak{M}$ unter den n Versuchen $(\lambda + 1)$-mal auftritt,

$$w_{\lambda+1}(n) = \binom{n}{\lambda+1} \cdot w^{\lambda+1} \cdot \overline{w}^{n-\lambda-1} \tag{35}$$

und teilen die Gleichung (35) durch die Gleichung (34).

$$\frac{w_{\lambda+1}(n)}{w_\lambda(n)} = \frac{\dfrac{n!}{(\lambda+1)! \cdot (n-\lambda-1)!} \cdot w^{\lambda+1} \cdot \overline{w}^{n-\lambda-1}}{\dfrac{n!}{\lambda! \cdot (n-\lambda)!} \cdot w^\lambda \cdot \overline{w}^{n-\lambda}}$$

$$\frac{w_{\lambda+1}(n)}{w_\lambda(n)} = \frac{\lambda! \cdot (n-\lambda)! \cdot w^{\lambda+1} \cdot \overline{w}^{n-\lambda-1}}{(\lambda+1)! \cdot (n-\lambda-1)! \cdot w^\lambda \cdot \overline{w}^{n-\lambda}} = \frac{(n-\lambda) \cdot w}{(\lambda+1) \cdot \overline{w}} \tag{36}$$

4 Wellnitz, Wahrscheinlichkeitsrechnung

Die Gleichung (36) lehrt uns, daß der Quotient $\dfrac{w_{\lambda+1}(n)}{w_\lambda(n)}$ für festes n und wachsendes λ monoton abnimmt; anders ausgedrückt:

Die Zahlenfolge

$$\frac{w_1(n)}{w_0(n)} > \frac{w_2(n)}{w_1(n)} > \frac{w_3(n)}{w_2(n)} > \cdots > \frac{w_n(n)}{w_{n-1}(n)} \tag{37}$$

ist für jedes n eine monoton abnehmende Zahlenfolge. Was diese Tatsache für die Folge der $w_\lambda(n)$ selbst bedeutet, erkennen wir am besten, wenn wir die Werte $w_\lambda(n)$ in Abhängigkeit von λ $(0 \leq \lambda \leq n)$ in ein Koordinatensystem eintragen und die erhaltenen Punkte geradlinig miteinander verbinden. Es ergibt sich ein Linienzug, für dessen Verlauf sich wegen der Bedingung (37) drei Möglichkeiten ergeben (Abb. 2a bis c):

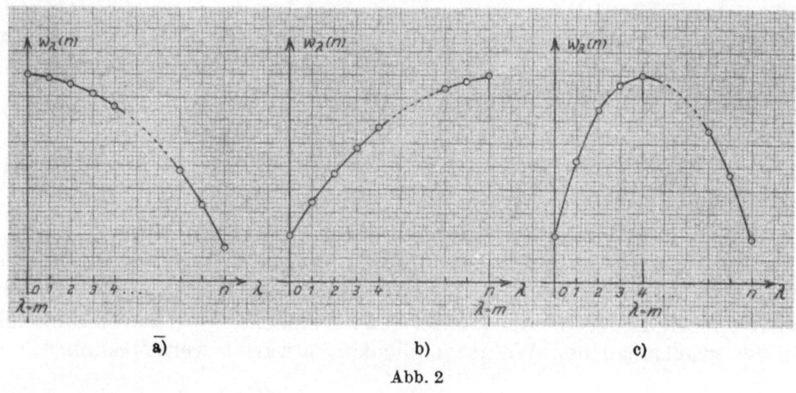

Abb. 2

I. Folge der $w_\lambda(n)$ monoton abnehmend,
II. Folge der $w_\lambda(n)$ monoton zunehmend,
III. Folge der $w_\lambda(n)$ erst zunehmend, dann abnehmend.

Diskutieren wir diese drei Fälle einmal durch.

I. (Abb. 2a) $w_\lambda(n)$ ist monoton abnehmend. Dann ist das erste Glied $w_0(n)$ das größte Glied der Folge, auf das wir ja unser Augenmerk richten wollen. Darum muß sein $\dfrac{w_1(n)}{w_0(n)} \leq 1$. Nach Formel (36) ist dann

$$\frac{w_1(n)}{w_0(n)} = \frac{n \cdot w}{\overline{w}}; \quad \frac{n \cdot w}{\overline{w}} \leq 1; \quad n \leq \frac{\overline{w}}{w}; \quad n \leq \frac{1-w}{w}; \quad n \leq \frac{1}{w} - 1.$$

Das heißt, der Fall I ist nur für sehr kleine Werte von n denkbar, die der obigen Bedingung genügen.

46

Beispielsweise für $w = \dfrac{1}{6}$ dürfte n höchstens den Wert 5,

für $w = \dfrac{1}{2}$ sogar höchstens den Wert 1 besitzen;

für $w > \dfrac{1}{2}$ schließlich kann der Fall I überhaupt nicht eintreten.

II. (Abb. 2b) $w_\lambda(n)$ ist monoton zunehmend.

Das größte Glied der Folge ist das letzte $w_n(n)$.

Dann muß sein

$$\frac{w_n(n)}{w_{n-1}(n)} \geqq 1.$$

Nach Formel (36) folgt jetzt

$$\frac{w_n(n)}{w_{n-1}(n)} = \frac{w}{n \cdot \overline{w}}; \quad \frac{w}{n \cdot \overline{w}} \geqq 1; \quad \frac{1}{n} \geqq \frac{\overline{w}}{w}; \quad n \leqq \frac{w}{\overline{w}}; \quad n \leqq \frac{1 - \overline{w}}{\overline{w}}; \quad n \leqq \frac{1}{\overline{w}} - 1.$$

Der Fall II ist daher für uns genau so uninteressant wie Fall I, denn auch er kann nur für sehr kleine n eintreten. Da wir bei der Ableitung des Gesetzes der großen Zahlen sind, schließen wir ohne wesentliche Beschränkung der Allgemeinheit die Fälle I und II aus, indem wir

$$n > \frac{1}{w} - 1 \quad \text{und} \quad n > \frac{1}{\overline{w}} - 1 \tag{38}$$

annehmen. Dadurch sind für die weitere Betrachtung automatisch auch die Grenzfälle $w = 0$ und $\overline{w} = 0$ ausgeschlossen. Unter diesen Voraussetzungen bleibt nur der Fall

III. (Abb. 2c) $w_\lambda(n)$ erst zunehmend, dann abnehmend. Das Maximum muß von einem Wert zwischen $w_0(n)$ und $w_n(n)$ angenommen werden. Dann ist

$$\text{noch } \frac{w_1(n)}{w_0(n)} > 1 \quad \text{und schon} \quad \frac{w_n(n)}{w_{n-1}(n)} < 1$$

Für das Maximum $w_m(n)$ muß gelten:

$$\frac{w_m(n)}{w_{m-1}(n)} > 1 \quad \text{und} \quad \frac{w_{m+1}(n)}{w_m(n)} \leqq 1$$

Daraus folgt mit Hilfe von (36) einerseits:

$$\frac{(n - m + 1) \cdot w}{m \cdot \overline{w}} > 1$$

$$n \; w - m \cdot w + w > m \cdot \overline{w}$$

$$n \cdot w + w > m \cdot \overline{w} + m \cdot w$$

und wegen
$$w + \bar{w} = 1$$
$$n \cdot w + w > m$$

andererseits:

$$\frac{(n - m) \cdot w}{(m + 1) \cdot \bar{w}} \leqq 1$$
$$n \cdot w - m \cdot w \leqq m \cdot \bar{w} + \bar{w}$$
$$n \cdot w - \bar{w} \leqq m \cdot \bar{w} + m \cdot w$$
$$n \cdot w - \bar{w} \leqq m$$

also

$$\boldsymbol{n \cdot w - \bar{w} \leqq m < n \cdot w + w} \tag{39}$$

Die doppelte Ungleichung (39) gibt uns die Lage des Maximums $w_m(n)$ unter den $w_\lambda(n)$ genau an.

Der Index m, der ja eine ganze Zahl ist, liegt sehr nahe bei dem Produkt $n \cdot w$; von diesem Wert unterscheidet sich m um weniger als 1. Ist $n \cdot w$ daher

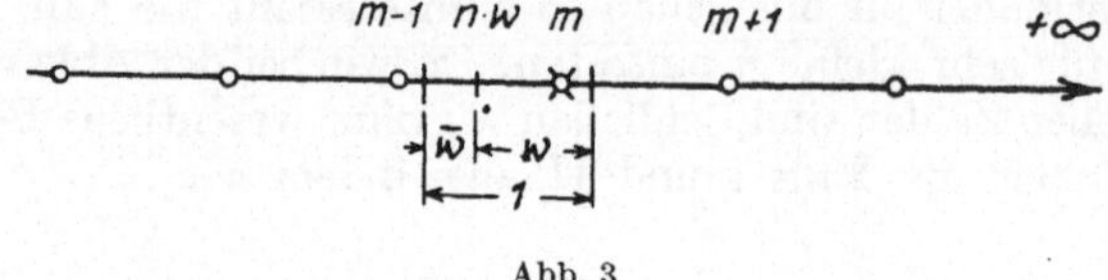

Abb. 3

selbst eine ganze Zahl, so ist $m = n \cdot w$; ist $n \cdot w$ keine ganze Zahl, so ist m diejenige ganze Zahl, die zwischen $n \cdot w - \bar{w}$ und $n \cdot w + w$ liegt. Zwischen diesen beiden Grenzen kann nur eine ganze Zahl liegen, denn $n \cdot w - \bar{w}$ ist wegen $w + \bar{w} = 1$ genau um 1 kleiner als $n \cdot w + w$. Ist schließlich $n \cdot w - \bar{w}$ eine ganze Zahl, so ist es auch $n \cdot w + w$. In diesem Falle ist $m = n \cdot w - \bar{w}$. Das Maximum wird dann von zwei aufeinanderfolgenden Gliedern $w_\lambda(n)$ angenommen. Für $m = n \cdot w - \bar{w}$ und $m + 1 = n \cdot w + w$ folgt nämlich aus Gleichung (36)

$$\frac{w_{m+1}}{w_m} = 1, \quad \text{also} \quad w_m = w_{m+1}.$$

Abb. 3 veranschaulicht die Lage von m auf der Zahlengeraden im Vergleich zu $n \cdot w$. Zu bemerken wäre noch, daß m nicht die ganze Zahl zu sein braucht, die am nächsten bei $n \cdot w$ liegt.

Dividieren wir nun die doppelte Ungleichung (39) durch n, so erhalten wir eine weitere doppelte Ungleichung:

$$w - \frac{\bar{w}}{n} \leqq \frac{m}{n} < w + \frac{w}{n} \tag{40}$$

48

Beachten wir, daß stets $w < 1$ und $\overline{w} < 1$, so erkennen wir, daß erst recht

$$w - \frac{1}{n} < \frac{m}{n} < w + \frac{1}{n}$$

gilt; das heißt

$$\lim_{n \to \infty} \frac{m}{n} = w. \tag{41}$$

Die Ungleichungen (39), (40) und (41) bilden den Inhalt des von *Jakob Bernoulli* entdeckten sogenannten[1]) **Gesetzes der großen Zahlen**:

Lehrsatz 10:

Wiederholt sich ein Ereignis, bei dem das Auftreten eines Merkmals $\mathfrak{M}$ mit der Wahrscheinlichkeit w zu erwarten ist, n-mal, so nimmt die Wahrscheinlichkeit dafür, daß gerade m dieser n Versuche das Merkmal $\mathfrak{M}$ aufweisen, für denjenigen Wert von m den größten Wert an, der der Bedingung

$$n \cdot w - \overline{w} \leqq m < n \cdot w + w$$

genügt; das heißt: Für die größtmögliche Wahrscheinlichkeit liegt der Quotient $\dfrac{m}{n}$ sehr nahe bei w und strebt bei über alle Grenzen wachsendem n dem Grenzwert w zu.

Das Gesetz der großen Zahlen wird vielfach falsch ausgelegt, besonders in Laienkreisen. Aber auch in mathematischen Lehrbüchern findet man leider oft eine recht mißverständliche Formulierung, die dem Wesen der Wahrscheinlichkeitsrechnung widerspricht. **Das Gesetz der großen Zahlen, insbesondere die Gleichung (41), sagt nicht aus, daß das Verhältnis der Zahl der Versuche, bei denen ein Merkmal eintrifft, zu der Gesamtzahl der Versuche sich bei wachsender Versuchszahl der Wahrscheinlichkeit für das Eintreffen dieses Merkmals nähert, sondern es sagt nur etwas über die Zahl der Versuche aus, bei denen das Merkmal mit größtmöglicher Wahrscheinlichkeit erwartet werden kann. Das ist zweierlei.** Wie die Wahrscheinlichkeitsrechnung überhaupt keinerlei Voraussage für ein bestimmtes Ereignis machen kann, so kann auch keine Rede davon sein, daß das Gesetz irgendeine Voraussage über den tatsächlichen Ablauf einer Versuchsreihe macht, sei es auch nur für eine große Zahl von Versuchen. Wenn wir beispielsweise eine Münze 99 mal geworfen haben und die Schrift bereits 49 mal oben lag, so gibt es kein mathematisches oder physikalisches Gesetz, aus dem man folgern

---

[1]) Die Bezeichnung stammt von *Poisson*.

könnte, daß beim 100. Wurf die Schrift mit einer anderen Wahrscheinlichkeit als $\frac{1}{2}$ erwartet werden kann oder daß man gar bei diesem Wurf die Schrift mit Sicherheit erwarten dürfe. Dies gilt natürlich auch für viel größere Versuchsserien. So paradox es klingen mag, selbst wenn man 100 mal nacheinander „zufällig" Schrift geworfen hat, so ist beim nächsten Wurf und jedem weiteren die Wahrscheinlichkeit für das Erscheinen der Schrift $\frac{1}{2}$ trotz des Gesetzes der großen Zahlen. Das Gesetz der großen Zahlen bezieht sich eben nur auf die Wahrscheinlichkeit bestimmter Versuchsserien. Das heißt, bei einer großen Zahl von langen Versuchsserien werden solche Serien, bei denen die Merkmalverteilung dem Gesetz der großen Zahlen entspricht, am häufigsten erscheinen. Hier liegt ein Problem, auf das wir bei der Behandlung der modernen Wahrscheinlichkeitsrechnung noch zurückkommen werden.

Tritt unter den n Versuchen das Merkmal $\mathfrak{M}$ genau m-mal auf, so kommt es bei den restlichen $n - m$ Fällen nicht vor. Es ist aber

$$\frac{n - m}{n} = 1 - \frac{m}{n},$$

also

$$\lim_{n \to \infty} \frac{n - m}{n} = 1 - \lim_{n \to \infty} \frac{m}{n} = 1 - w = \overline{w}.$$

Daher ist

einerseits

$$\frac{\lim\limits_{n \to \infty} \dfrac{m}{n}}{\lim\limits_{n \to \infty} \dfrac{n - m}{n}} = \frac{w}{\overline{w}},$$

andererseits

$$\frac{\lim\limits_{n \to \infty} \dfrac{m}{n}}{\lim\limits_{n \to \infty} \dfrac{n - m}{n}} = \lim_{n \to \infty} \frac{m}{n - m}$$

so daß wir erhalten

$$\lim_{n \to \infty} \frac{m}{n - m} = \frac{w}{\overline{w}}.$$

Nach diesem Ergebnis können wir das Gesetz der großen Zahlen auch so formulieren:

Wird ein Ereignis, bei dem das Erscheinen eines Merkmals $\mathfrak{M}$ mit der Wahrscheinlichkeit w, das Nichterscheinen dieses Merkmals mit der Wahrscheinlichkeit $\overline{w} = 1 - w$ zu erwarten ist, sehr oft wiederholt, so ist die Wahrscheinlichkeit dafür, daß sich bei unbeschränkt größer werdender Zahl der Versuche die Anzahl der Versuche, bei denen das Merkmal $\mathfrak{M}$ erscheint, zu

der Anzahl der Versuche, bei denen das Merkmal $\mathfrak{M}$ nicht erscheint, wie w zu $\overline{w}$ verhält, am größten.

Diese Formulierung des Gesetzes der großen Zahlen läßt ohne weiteres die Verallgemeinerung auf mehrere Merkmale zu:

Lehrsatz 11:

Treten bei einem Ereignis die sich gegenseitig ausschließenden Merkmale $\mathfrak{M}_1$, $\mathfrak{M}_2$, $\mathfrak{M}_3$, ... mit den Wahrscheinlichkeiten w_1, w_2, w_3, ... auf, so werden sich die Anzahlen m_1, m_2, m_3, ..., mit denen die Merkmale bei einer ausgedehnten Versuchsreihe mit der größtmöglichen Wahrscheinlichkeit auftreten, ebenso wie die Wahrscheinlichkeiten w_1, w_2, w_3, ... verhalten.

Übungsaufgaben:

1. Eine Münze wird 395 mal geworfen. Wie oft ist „Wappen" mit größter Wahrscheinlichkeit zu erwarten?
2. Zwei Münzen werden 200 mal geworfen. Wie oft werden mit maximaler Wahrscheinlichkeit beide Münzen gleichzeitig „Wappen" zeigen?
3. Bei wie vielen von 24 Würfen mit einem Würfel ist eine „1" mit maximaler Wahrscheinlichkeit zu erwarten? Wie groß ist diese Wahrscheinlichkeit? (Nimm die Logarithmentafel zu Hilfe!)
4. Bei wie vielen von 120 Würfen ist die „1" mit maximaler Wahrscheinlichkeit zu erwarten, und wie groß ist diese Wahrscheinlichkeit? Vergleiche das logarithmisch zu berechnende Ergebnis mit dem von Übung 3!
5. Bei wie vielen von 1000 Würfen ist mit maximaler Wahrscheinlichkeit „5" oder „6" zu erwarten?
6. Aus einem Spiel Karten wird 750 mal eine Dame oder ein König gezogen. In wieviel Fällen handelt es sich mit maximaler Wahrscheinlichkeit **nicht** um den Herzkönig?

§ 9. Die Gaußsche Verteilung

In § 8 hatten wir festgestellt, daß unter den $w(n)$ der *Newton*schen Formel

$$w_\lambda(n) = \binom{n}{\lambda} \cdot w^\lambda \cdot \overline{w}^{\,n-\lambda}, \tag{34}$$

die uns die Wahrscheinlichkeit für das genau λ-malige Auftreten eines mit der Wahrscheinlichkeit w behafteten Merkmals in einer Reihe von n Versuchen angibt, dasjenige $w_m(n)$ unter den $w_\lambda(n)$ den größten Wert besitzt, dessen Index m sich von dem Wert $n \cdot w$ um weniger als 1 unterscheidet. Das bedeutet — und dies ist der Inhalt des Gesetzes der großen Zahlen —, es ist am wahrscheinlichsten, daß ein Merkmal der Wahrscheinlichkeit w

in einer Reihe von n Versuchen ungefähr $n \cdot w$-mal vorkommt. Diese maximale Wahrscheinlichkeit selbst hat den Wert

$$w_m = \binom{n}{m} \cdot w^m \cdot \overline{w}^{\,n-m}. \tag{42}$$

Nehmen wir zunächst an, daß $n \cdot w$ ganzzahlig ist, so dürfen wir nach Gleichung (39) $m = n \cdot w$ setzen und erhalten:

$$w_m = \binom{n}{n \cdot w} \cdot w^{n \cdot w} \cdot \overline{w}^{\,n - n \cdot w}$$

$$= \frac{n!}{(n \cdot w)! \cdot (n - n \cdot w)!} \cdot w^{n \cdot w} \cdot \overline{w}^{\,n \cdot (1 - w)}$$

Nach Einsetzen der Beziehung $1 - w = \overline{w}$ ergibt sich:

$$w_m(n) = \frac{n!}{(n \cdot w)! \cdot (n \cdot \overline{w})!} \cdot w^{n \cdot w} \cdot \overline{w}^{\,n \cdot \overline{w}} \tag{43}$$

Die in dieser Formel enthaltenen „Fakultäten" sind der Errechnung und Beurteilung schwer zugänglich (vgl. § 8, Übungen 3 und 4!). Wir wollen sie deshalb mit Hilfe der sogenannten *Stirling*schen Formel[1]

$$n! \approx n^n \cdot e^{-n} \cdot \sqrt{2 \cdot \pi \cdot n} \tag{44}$$

eliminieren. Das Zeichen $\approx$, das wir „ist annähernd gleich" lesen, bedeutet darin, daß der Quotient der zu beiden Seiten dieses Zeichens stehenden Ausdrücke bei über alle Grenzen wachsendem n dem Grenzwert 1 zustrebt. Tatsächlich bietet die *Stirling*sche Formel bereits für kleine Werte von n gute Näherungswerte von $n!$, wie die Tabelle I (Seite 81) zeigt. Für $n = 0$ allerdings hat sie keine Gültigkeit; da wir die Fälle $w = 0$ und $\overline{w} = 0$ bereits durch die Annahme (38) aus unseren Betrachtungen ausgeschlossen hatten, dürfen wir die *Stirling*sche Formel auf die Gleichung (43) anwenden.

Die Verwendung der *Stirling*schen Formel an dieser Stelle bringt uns aber noch einen weiteren Vorteil. Während der Ausdruck $n!$ nur bestimmte diskrete Zahlenwerte für ganzzahlige Werte von n liefert, ist die rechte Seite von (44) eine stetige, im Bereich $1 \leqq n \leqq \infty$ überall differenzierbare, monoton zunehmende Funktion von n, so daß wir die Beschränkung der Ganzzahligkeit von n fallen lassen können. Aus der nur für bestimmte Werte von n und m sinnvollen Wahrscheinlichkeitsfunktion $w_m(n)$ wird durch Anwendung der *Stirling*schen Formel die für beliebige Werte von n und beliebige Werte von m erklärte Funktion $\omega_m(n)$. Für $\omega_m(n)$ fällt damit auch die oben ausgesprochene Beschränkung auf diejenigen Werte von n, für die

---

[1] Die Ableitung dieser von dem Schotten *James Stirling* († 1770) stammenden Formel lese man beispielsweise bei *Otto Knopf* (Wahrscheinlichkeitsrechnung II. Sammlung Göschen, Band 871, § 9) nach.

$n \cdot w$ ganzzahlig und daher gleich m ist. Je größer n ist, desto weniger fällt ja auch gemäß (39) der Unterschied zwischen m und $n \cdot w$ ins Gewicht. Wir erhalten somit in $\omega_m(n)$ eine Funktion, die zwar auch für Werte von m und n definiert ist, für die unser Wahrscheinlichkeitswert $w_m(n)$ keinen Sinn hat, für die aber stets gilt:

$$\omega_m(n) \approx w_m(n), \text{ falls die rechte Seite einen Sinn hat.} \qquad (45)$$

Nunmehr wenden wir (44) auf die rechte Seite von (43) an und erhalten:

$$\omega_m(n) = \frac{n^n \cdot e^{-n} \cdot \sqrt{2\pi n}}{(n \cdot w)^{n \cdot w} \cdot e^{-n \cdot w} \cdot \sqrt{2\pi n \cdot w} \cdot (n \cdot \overline{w})^{n \cdot \overline{w}} \cdot e^{-n \cdot \overline{w}} \cdot \sqrt{2\pi n \cdot \overline{w}}} \cdot w^{n \cdot w} \cdot \overline{w}^{n \cdot \overline{w}}$$

$$= \frac{n^n \cdot e^{-n} \cdot \sqrt{2\pi n}}{n^{nw} \cdot n^{n\overline{w}} \cdot w^{nw} \cdot \overline{w}^{n\overline{w}} \cdot e^{-n(w+\overline{w})} \cdot \sqrt{2\pi n} \cdot \sqrt{2\pi n \cdot w \cdot \overline{w}}} \cdot w^{n \cdot w} \cdot \overline{w}^{n \cdot \overline{w}},$$

$$\omega_m(n) = \frac{1}{\sqrt{2\pi n \cdot w \cdot \overline{w}}} \cdot \qquad (46)$$

Nach Gleichung (45) können wir den folgenden Lehrsatz aussprechen.

Lehrsatz 12:

Die im Lehrsatz 10 genannte größtmögliche Wahrscheinlichkeit $w_m(n)$ besitzt einen Wert, der durch die Näherungsgleichung gegeben ist:

$$w_m(n) \approx \frac{1}{\sqrt{2\pi n \cdot w \cdot \overline{w}}}$$

Aus diesem Lehrsatz lassen sich zwei Folgerungen ziehen, die auf den ersten Blick höchst merkwürdig erscheinen.

1. Die maximale Wahrscheinlichkeit wird mit zunehmender Anzahl n der Versuche kleiner.

Obwohl also das Verhältnis $\dfrac{m}{n}$ mit wachsendem n nach dem Gesetz der großen Zahlen dem Grenzwert w zustrebt, nimmt die Wahrscheinlichkeit, mit der dieses Ergebnis erwartet werden kann, ab; sie nähert sich mit über alle Grenzen wachsendem n sogar dem Werte 0.

Die Ergebnisse der Übungsaufgaben 3 und 4 (§ 8) haben uns diese Tatsache bereits bestätigt. Man errechnet nämlich, daß unter 24 Würfen eines Würfels das viermalige Eintreffen der „1" $\left(w = \dfrac{1}{6}\right)$ mit der Wahrscheinlichkeit $w_4(24) \approx 0{,}21386$, unter 120 Würfen das 20malige Eintreffen der „1" aber nur mit der Wahrscheinlichkeit $w_{20}(120) \approx 0{,}09730$ erwartet werden darf.

(Übrigens erlangt man diese Werte bequemer unter Anwendung der Formel (46): $\omega_4(24) \approx 0{,}2185$ und $\omega_{20}(120) \approx 0{,}09772$)

2. Für eine bestimmte Anzahl n der Versuche erhält die maximale Wahrscheinlichkeit für $w = \bar{w} = \dfrac{1}{2}$ ihren kleinsten Wert. In allen anderen Fällen, sowohl für $w < \dfrac{1}{2}$ als auch für $w > \dfrac{1}{2}$, nimmt die maximale Wahrscheinlichkeit $w_m(n)$ einen größeren Wert an.

Die Wahrscheinlichkeit dafür, daß das Merkmal $\mathfrak{M}$ genau bei m unter den n Versuchen eintrifft — wobei m der Bedingung (39) unterliegt —, wird umso größer, je mehr die Wahrscheinlichkeit w für das einmalige Auftreten von $\mathfrak{M}$ sich von dem Wert $\dfrac{1}{2}$ unterscheidet.

So ist beispielsweise mit größter Wahrscheinlichkeit zu erwarten, daß 24 Würfe 12mal und 120 Würfe 60mal eine gerade Augenzahl hervorbringen. Denn die Grundwahrscheinlichkeit ist $w = \dfrac{1}{2}$, so daß $m = \dfrac{n}{2}$ wird. Diese beiden maximalen Wahrscheinlichkeiten sind aber kleiner als die unter Folgerung 1 berechneten Wahrscheinlichkeiten, weil dort die Grundwahrscheinlichkeit $w = \dfrac{1}{6}$ war. Jetzt erhalten wir unter Anwendung der Formel (46)

bei $w = \dfrac{1}{2}$: $\qquad \omega_{12}(24) \approx 0{,}1629$ und $\quad \omega_{60}(120) \approx 0{,}07284$

Beide Folgerungen, die wir aus dem Lehrsatz 12 gezogen haben, werden verständlich, wenn man die sogenannten Streuwerte der Funktion $w_\lambda(n)$ ins Auge faßt. Darunter verstehen wir diejenigen Werte von $w_\lambda(n)$, bei denen λ Werte aus der unmittelbaren Umgebung von m annimmt. Wir werden nämlich sehen, daß die oben festgestellte Abnahme der maximalen Wahrscheinlichkeit $w_m(n)$ — für $n \to \infty$ und $w \to \dfrac{1}{2}$ — auf Kosten der größer werdenden Streuung erfolgt. Eine genaue Übersicht über die Verhältnisse gibt die *Gauß*sche Verteilungskurve, die wir nun ermitteln wollen. Zu diesem Zwecke setzen wir

$$\lambda = m + x,$$

wobei x die Werte $\pm 1, \pm 2, \pm 3, \pm 4, \ldots$ annehme und damit das Maß der Streuung von λ um den Wert m herum bedeutet.

Wir beschränken zuerst wieder $n \cdot w$ auf ganzzahlige Werte, so daß es an die Stelle von m gesetzt werden kann. Wir erhalten

$$\lambda = n \cdot w + x$$

und

$$n - \lambda = n - (n \cdot w + x) = n \cdot (1 - w) - x = n \cdot \bar{w} - x.$$

Die *Newton*sche Formel (34) liefert uns

$$w_\lambda(n) = \binom{n}{n\cdot w + x} \cdot w^{nw+x} \cdot \overline{w}^{n\overline{w}-x}$$

$$= \frac{n!}{(n\cdot w + x)! \cdot (n\cdot \overline{w} - x)!} \cdot w^{nw+x} \cdot \overline{w}^{\,n\overline{w}-x}.$$

Bei Verwendung der *Stirling*schen Formel (44) erhalten wir aus $w_\lambda(n)$ wieder die Näherungsfunktion $\omega_\lambda(n)$, in der wir aus den auf Seite 52 dargelegten Gründen die Beschränkung der Größen $n\cdot w$, $n\cdot \overline{w}$, x und λ auf ganzzahlige Werte fallen lassen dürfen:

$$\omega_\lambda(n) = \frac{n^n \cdot e^{-n} \cdot \sqrt{2\pi n} \cdot w^{nw+x} \cdot \overline{w}^{\,n\overline{w}-x}}{(nw+x)^{nw+x} \cdot e^{-nw-x} \cdot \sqrt{2\pi(nw+x)} \cdot (n\overline{w}-x)^{n\overline{w}-x} \cdot e^{-n\overline{w}+x} \cdot \sqrt{2\pi(n\overline{w}-x)}}$$

$$= \frac{n^n \cdot \sqrt{2\pi n}}{\left(n+\dfrac{x}{w}\right)^{nw+x} \cdot \left(n-\dfrac{x}{\overline{w}}\right)^{n\overline{w}-x} \cdot e^{-nw-x-n\overline{w}+x+n} \cdot 2\pi \cdot \sqrt{nw+x} \cdot \sqrt{n\overline{w}-x}}$$

$$= \frac{n^n \cdot \sqrt{2\pi} \cdot \sqrt{n}}{\left(n+\dfrac{x}{w}\right)^{nw+x} \cdot \left(n-\dfrac{x}{\overline{w}}\right)^{n\overline{w}-x} \cdot 2\pi \cdot \sqrt{w} \cdot \sqrt{n+\dfrac{x}{w}} \cdot \sqrt{\overline{w}} \cdot \sqrt{n-\dfrac{x}{\overline{w}}}}$$

$$= \frac{n^{n+\frac{1}{2}}}{\left(n+\dfrac{x}{w}\right)^{nw+x+\frac{1}{2}} \cdot \left(n-\dfrac{x}{\overline{w}}\right)^{n\overline{w}-x+\frac{1}{2}} \cdot \sqrt{2\pi} \cdot \sqrt{w\cdot\overline{w}}}$$

$$= \frac{n^{n+\frac{1}{2}}}{\left(1+\dfrac{x}{n\cdot w}\right)^{nw+x+\frac{1}{2}} \cdot \left(1-\dfrac{x}{n\cdot\overline{w}}\right)^{n\overline{w}-x+\frac{1}{2}} \cdot n^{nw+x+\frac{1}{2}+n\overline{w}-x+\frac{1}{2}} \cdot \sqrt{2\pi\cdot w\cdot\overline{w}}}$$

$$= \frac{n^{n+\frac{1}{2}}}{\left(1+\dfrac{x}{n\cdot w}\right)^{nw+x+\frac{1}{2}} \cdot \left(1-\dfrac{x}{n\cdot\overline{w}}\right)^{n\overline{w}-x+\frac{1}{2}} \cdot n^{n+1} \cdot \sqrt{2\pi\cdot w\cdot\overline{w}}}$$

$$= \frac{1}{\sqrt{2\pi\cdot n\cdot w\cdot\overline{w}} \cdot \left(1+\dfrac{x}{n\cdot w}\right)^{nw+x+\frac{1}{2}} \cdot \left(1-\dfrac{x}{n\cdot\overline{w}}\right)^{n\cdot\overline{w}-x+\frac{1}{2}}}$$

Dieser letzte Wert läßt sich unter Zuhilfenahme der natürlichen Log·
arithmen noch weiter vereinfachen. Es ist nämlich

$$\ln\left(1+\frac{x}{n\cdot w}\right)^{n\cdot w+x+\frac{1}{2}} = \left(n\cdot w+x+\frac{1}{2}\right)\cdot\ln\left(1+\frac{x}{n\cdot w}\right).$$

In der Reihenentwicklung des natürlichen Logarithmus ist

$$\ln\left(1+\frac{x}{n\cdot w}\right) = \frac{x}{n\cdot w}-\frac{x^2}{2\,n^2\cdot w^2}+\frac{x^3}{3\,n^3\cdot w^3}-+\cdots,$$

daher

$$\ln\left(1+\frac{x}{n\cdot w}\right)^{nw+x+\frac{1}{2}} = \left(nw+x+\frac{1}{2}\right)\cdot\left(\frac{x}{n\cdot w}-\frac{x^2}{2\,n^2 w^2}+\frac{x^3}{3\,n^3 w^3}-+\cdots\right)$$

$$= x-\frac{x^2}{2\,nw}+\frac{x^3}{3\,n^2\cdot w^2}-+\cdots$$

$$+\frac{x^2}{n\cdot w}-\frac{x^3}{2\,n^2 w^2}+\frac{x^4}{3\,n^3\cdot w^3}-+\cdots$$

$$+\frac{x}{2\,n\cdot w}-\frac{x^2}{4\,n^2\cdot w^2}+\frac{x^3}{6\,n^3\cdot w^3}-+\cdots$$

Unter Vernachlässigung der Glieder, die im Nenner das Quadrat oder
eine höhere Potenz von n enthalten, erhalten wir für große n in erster
Näherung

$$\ln\left(1+\frac{x}{n\cdot w}\right)^{nw+x+\frac{1}{2}} \approx x+\frac{x^2}{2\,n\cdot w}+\frac{x}{2\,n\cdot w}.$$

Entsprechend gilt:

$$\ln\left(1-\frac{x}{n\cdot\overline{w}}\right)^{n\overline{w}-x+\frac{1}{2}} \approx -x+\frac{x^2}{2\,n\cdot\overline{w}}-\frac{x}{2\,n\cdot\overline{w}}.$$

Daher wird

$$\ln\left[\left(1+\frac{x}{n\cdot w}\right)^{nw+x+\frac{1}{2}}\cdot\left(1-\frac{x}{n\cdot\overline{w}}\right)^{n\overline{w}-x+\frac{1}{2}}\right] \approx x+\frac{x^2}{2\,nw}+\frac{x}{2\,nw}-x+\frac{x^2}{2\,n\overline{w}}-\frac{x}{2\,n\overline{w}}$$

$$\approx \frac{\overline{w}\,x^2}{2\,n\cdot w\cdot\overline{w}}+\frac{w\,x^2}{2\,n\cdot w\cdot\overline{w}}+\frac{x}{2\,n\cdot w}-\frac{x}{2\,n\cdot\overline{w}}$$

$$\approx \frac{x^2}{2\,n\cdot w\cdot\overline{w}}+\frac{x}{2\,n}\cdot\left(\frac{1}{w}-\frac{1}{\overline{w}}\right)$$

$$\approx \frac{x^2+x\cdot(\overline{w}-w)}{2\,n\cdot w\cdot\overline{w}}.$$

Da $|\bar{w} - w| < 1$ ist, da unsere Näherung sich ohnehin auf große n bezieht und wir x klein gegen n $(x \ll n)$ annehmen, können wir den zweiten Summanden des Zählers vernachlässigen. Wir erhalten damit

$$\omega_\lambda(n) = \frac{1}{\sqrt{2\,\pi\,n \cdot w \cdot w} \cdot e^{2nw\bar{w}}} = \frac{1}{\sqrt{2\,\pi\,n \cdot w\,w}} \cdot e^{-\frac{x^2}{2nw\bar{w}}}.$$

Setzen wir zur Abkürzung $c = 2 \cdot n \cdot w \cdot \bar{w}$, so können wir das Ergebnis folgendermaßen zusammenfassen:

Lehrsatz 13:

$$\omega_\lambda(n) = \frac{1}{\sqrt{\pi \cdot c}} \cdot e^{-\frac{x^2}{c}} \quad \text{mit} \quad c = 2 \cdot n \cdot w \cdot \bar{w}$$

ist die Gaußsche Verteilungsfunktion. Sie gibt für ganzzahlige Werte von $\lambda = m \pm x$ die Wahrscheinlichkeit dafür an, daß in einer Serie von n Versuchen die Häufigkeit des Auftretens eines mit der Wahrscheinlichkeit w zu erwartenden Merkmals um den Betrag x von dem nach dem Gesetz der großen Zahlen mit maximaler Wahrscheinlichkeit zu erwartenden Wert m abweicht; für $x = 0$ liefert sie diesen maximalen Wert selbst. Kürzer gesagt: Die Verteilungsfunktion liefert die Wahrscheinlichkeitswerte für den Streuungsbereich, wobei x die Abweichung von dem wahrscheinlichsten Fall bedeutet.

Unserer Anschauung wird bei graphischer Darstellung der *Gauß*schen Verteilungsfunktion (Abb. 4) ein überhöhtes Koordinatensystem am

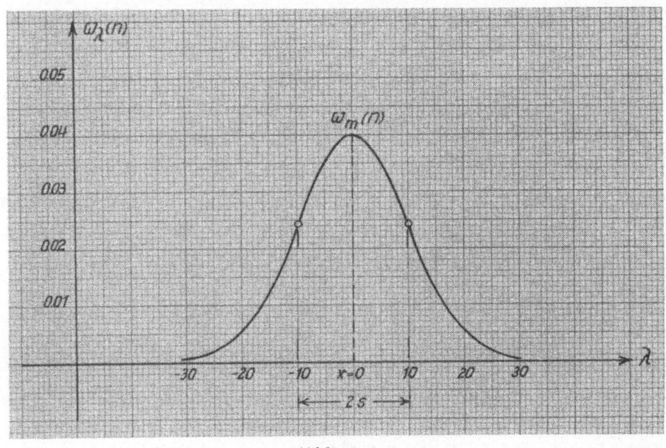

Abb. 4

besten gerecht, weil jeder Wahrscheinlichkeitswert zwischen 0 und 1 liegt und daher auch die größte Wahrscheinlichkeit bei einer Darstellung im Maßstab 1 : 1 gegen die Zahlenwerte von x und n eindruckslos bleibt. Die Ableitung der Verteilungsfunktion

$$\frac{d\,\omega_\lambda}{d\,x} = \frac{-\,2\,x}{c\cdot\sqrt{\pi\cdot c}}\cdot e^{-\frac{x^2}{c}}$$

verschwindet nur für $x_0 = 0$. Dort besitzt die Kurve daher ihr einziges Maximum; der Funktionswert an dieser Stelle ist der uns bereits aus Lehrsatz 12 bekannte Wert

$$w_m(n) \approx \omega_m(n) = \frac{1}{\sqrt{2\,\pi\,n\,w\,\overline{w}}}.$$

Die zweite Ableitung

$$\frac{d^2\,\omega_\lambda}{d\,x^2} = -\,\frac{2}{c\cdot\sqrt{\pi\cdot c}}\cdot e^{-\frac{x^2}{c}} + \frac{4\,x^2}{c^2\cdot\sqrt{\pi\cdot c}}\cdot e^{-\frac{x^2}{c}}$$

liefert für $\dfrac{d^2\,\omega_\lambda}{d\,x^2} = 0$:

$$\frac{4\,x_{1,2}^2}{c^2\cdot\sqrt{\pi c}}\cdot e^{-\frac{x_{1,2}^2}{c}} = \frac{2}{c\cdot\sqrt{\pi c}}\cdot e^{-\frac{x_{1,2}^2}{c}}$$

$$\frac{2\,x_{1,2}^2}{c} = 1$$

die beiden Wendepunkte

$$x_1 = +\sqrt{\frac{c}{2}} \quad \text{und} \quad x_2 = -\sqrt{\frac{c}{2}}.$$

Die Funktion $\omega_\lambda(n)$ ist daher zu ihrem Maximum $\omega_m(n)$ symmetrisch. Den halben Abstand der Wendepunkte

$$s = \sqrt{\frac{c}{2}} = \sqrt{n\cdot w\cdot\overline{w}} \tag{47}$$

nennen wir mittlere Streuung. Übereinstimmend mit den beiden Folgerungen, die wir aus dem Lehrsatz 12 gezogen haben, erkennen wir

1. **Die mittlere Streuung wächst mit zunehmendem n; das Maximum wird kleiner und breiter (Abb. 5). Die mittlere Streuung nimmt aber nicht so schnell wie n zu, denn sie ist proportional zu $\sqrt{n}$.**

2. **Bei konstantem n ist die mittlere Streuung für $w = \dfrac{1}{2}$ am größten. Je mehr w sich von dem Werte $\dfrac{1}{2}$ unterscheidet, um so kleiner ist die Streuung, um so größer, schmaler und ausgeprägter ist das Maximum (Abb. 6).**

$\omega_\lambda(n)$
0.1
0.09
0.08
0.07
0.06
0.05
0.04
0.03
0.02
0.01
n=144
n=720
n=3600
-50 -40 -30 -20 -10 x=0 10 20 30 40 50
λ

Abb. 5

$\omega_\lambda(n)$
0.06
0.05
0.04
0.03
0.02
0.01
$w=\frac{1}{12}$
$w=\frac{1}{6}$
$w=\frac{1}{2}$
-30 -20 -10 x=0 10 20 30
λ

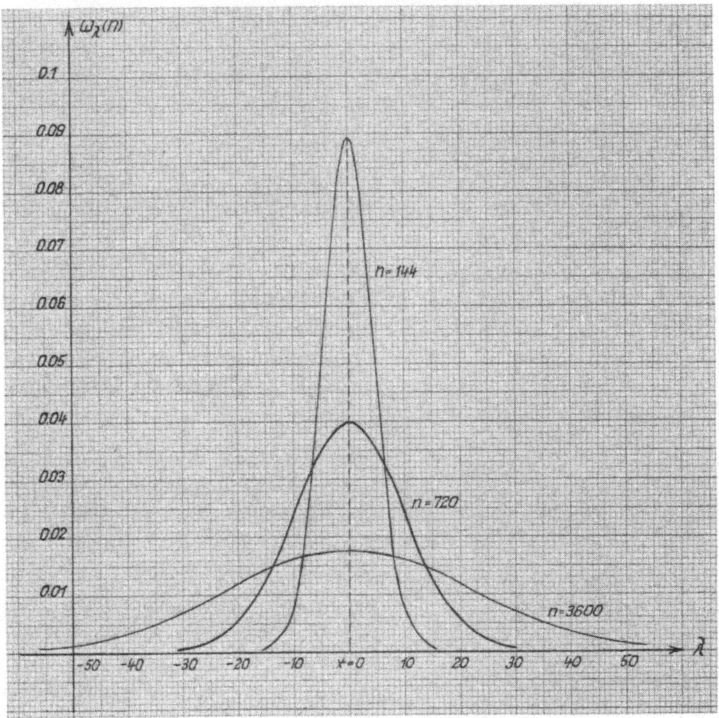

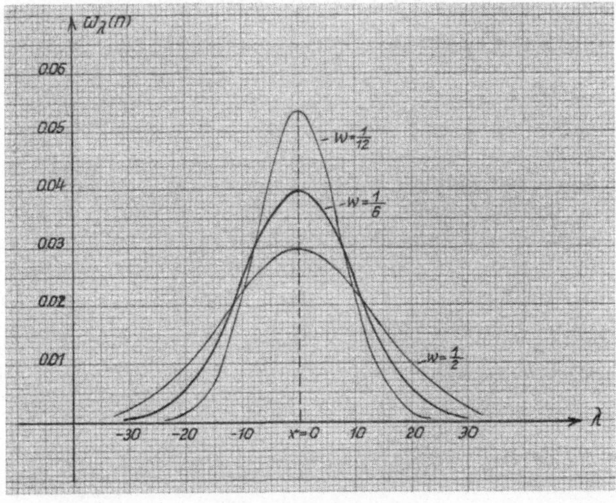

Abb. 6

Führt man an Stelle von $c = 2 \cdot n \cdot w \cdot \bar{w}$ die Größe

$$h = \frac{1}{\sqrt{2 \cdot n \cdot w \cdot \bar{w}}} = \frac{1}{\sqrt{c}} \qquad (48)$$

ein, so stellt sich die *Gauß*sche Fehlerfunktion dar:

$$\omega_\lambda(n) = \frac{h}{\sqrt{\pi}} \cdot e^{-h^2 x^2} \qquad \text{Mittlere Streuung } s = \frac{\sqrt{2}}{2h} = \sqrt{n \cdot w \cdot \bar{w}} \qquad (49)$$

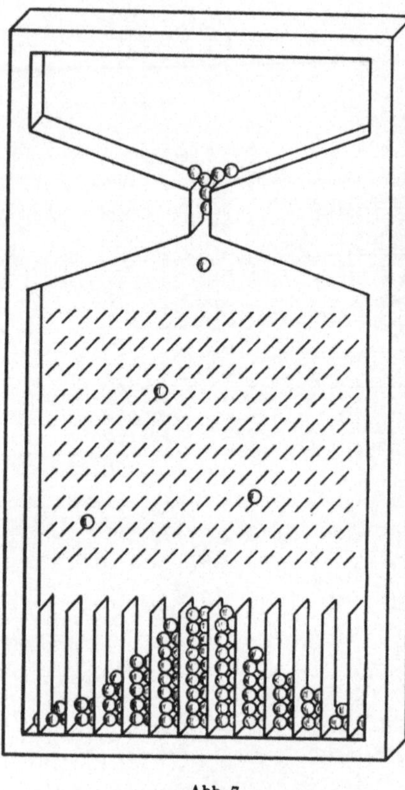

Abb. 7

Die mittlere Streuung wächst mit kleiner werdendem h, und das Maximum ist umso größer und ausgeprägter, je größer h ist. *Gauß* hat h deshalb das „**Maß der Genauigkeit**" genannt.

Die *Gauß*sche Verteilung läßt sich angenähert durch das sogenannte *Galton*sche Brett[1]) realisieren. Eine Kugel, die aus einer Öffnung rollt, muß ein schräg aufgestelltes, gleichmäßig mit Stiften versehenes Brett passieren. Der Abstand der einzelnen Stifte ist so groß, daß die Kugel gerade noch dazwischen hindurchrollen kann. Die Kugel stößt stets so gegen einen Stift, daß es vom Zufall abhängt, ob sie rechts oder links an ihm vorbeirollen wird (Abb. 7). Läßt man nun eine große Zahl von Kugeln über das Brett rollen, so werden sie sich ungefähr so auf die unten angebrachten Fächer verteilen, wie es der *Gauß*schen Verteilung entspricht.

Ein **Beispiel** soll noch die Folgerung 2 erläutern, die wir aus den Lehrsätzen 12 und 13 gezogen haben.

Eine Urne enthalte eine sehr große Zahl von sehr kleinen schwarzen und weißen Kugeln im Verhältnis $p : q$. Ziehe ich eine Kugel, so wird die Wahrscheinlichkeit dafür, daß ich eine schwarze getroffen habe,

---

[1]) Nach *Francis Galton* (1822 bis 1911) benannt.

$$w = \frac{p}{p+q}$$ sein. Wiederhole ich diesen Versuch n-mal, so ist es in Anbetracht der großen Zahl von Kugeln unwesentlich, ob ich jede gezogene Kugel wieder zurücklege oder nicht, falls n klein gegen die Gesamtzahl der Kugeln bleibt. Ich werde auch zu dem gleichen Ergebnis gelangen, wenn ich die n Kugeln mit einem Griff herausziehe. Ist $p = q$, so ist es am wahrscheinlichsten, daß ich ebenso viele schwarze wie weiße Kugeln greife. Man kann sich nun gut vorstellen, daß diese Wahrscheinlichkeit geringer ist als die, bei einem anderen Verhältnis von p und q schwarze und weiße Kugeln in diesem Verhältnis zu ziehen. Je kleiner z. B. die Zahl der schwarzen Kugeln im Verhältnis zu der der weißen Kugeln ist, umso geringer wird die zu erwartende Streuung sein. Ist im Extremfall gar keine schwarze Kugel vorhanden, so ist die Wahrscheinlichkeit dafür, daß ich nur weiße Kugeln ziehe, der Sicherheit gleich, sie hat also den Wert 1. Auf diesen Grenzfall können wir unsere Formeln zwar nicht anwenden, weil wir ihn im Laufe der Ableitung ausschließen mußten (die Formel liefert den widersinnigen Wert ∞ statt 1); er verdeutlicht aber, daß die Wahrscheinlichkeit größer und die Streuung kleiner werden muß, wenn die Anzahl der vorhandenen einen Sorte von der Anzahl der anderen mehr und mehr abweicht.

Übungsaufgaben:

1. Berechne die Wahrscheinlichkeit, unter 600 Würfen eines Würfels

   a) 300 mal,   b) 270 mal,   c) 330 mal,   d) 240 mal,   e) 210 mal

   eine gerade Augenzahl zu werfen, und vergleiche diese Werte untereinander.

2. Berechne die Wahrscheinlichkeit, unter 600 Würfen eines Würfels

   a) 100 mal,   b) 90 mal,   c) 110 mal,   d) 80 mal,   e) 70 mal

   eine „6" zu werfen. Vergleiche diese Werte untereinander und mit den Ergebnissen der vorigen Aufgabe.

3. Berechne die mittlere Streuung für die beiden vorausgehenden Aufgaben.

§ 10. Das Bernoullische Theorem

Wir haben in § 8 gesehen, daß das Erscheinen eines Merkmals $\mathfrak{M}$, das bei einem einzelnen Versuch mit der Wahrscheinlichkeit w auftritt, in einer größeren Serie von n Versuchen mit größtmöglicher Wahrscheinlichkeit m-mal erwartet werden kann, wobei m annähernd den Wert $n \cdot w$ besitzt. § 9 hat zu der *Gauß*schen Verteilungsfunktion $\omega_\lambda (n)$ geführt, die für festes n und festes w eine Funktion von $\lambda = m + x$ ist. Da bei festem n und festem w auch m einen konstanten Wert behält, ist $\omega_\lambda (n)$ in Wirklichkeit eine Funktion von x. Damit ihr graphisches Bild symmetrisch zur Ordinatenachse verläuft, wollen wir sie jetzt schreiben (Abb. 8):

$$g(x) = \frac{1}{\sqrt{\pi c}} \cdot e^{-\frac{x^2}{c}} \quad \text{mit} \quad c = 2 \cdot n \cdot w \cdot \overline{w} \tag{50}$$

Die Funktion $g(x)$ ist ebenso wie ω für jeden Wert von x in der Umgebung von 0 definiert. Für $x = 0$ gibt sie uns den größtmöglichen Wert der Wahrscheinlichkeit an, den wir kurz Normalfall nennen wollen. Für positive und negative ganzzahlige Werte von x liefert sie uns die Wahrscheinlichkeit dafür, daß unser Merkmal in der Reihe von n Versuchen genau x-mal mehr als im Normalfall auftritt; dabei ist $g(-x) = g(x)$.

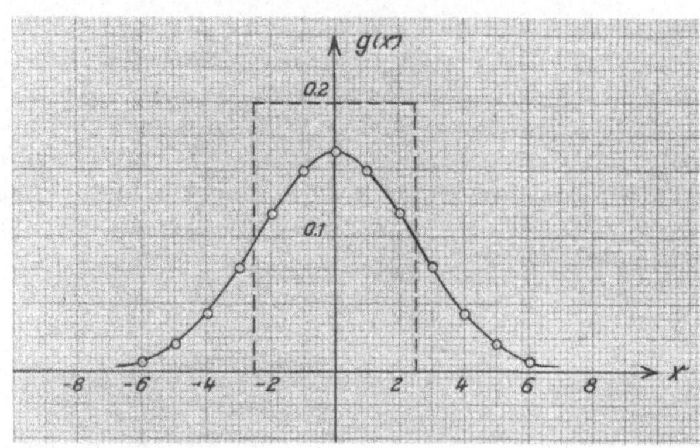

Abb. 8

Die Gesamtwahrscheinlichkeit W dafür, daß das Merkmal mindestens r-mal weniger und höchstens r-mal mehr als im Normalfall auftritt, daß das Versuchsergebnis also in den Streuungsbereich von $-x$ bis $+x$ um den Normalfall herum fällt, ist

$$W = g(-r) + g(-r+1) + \cdots + g(0) + \cdots + g(r-1) + g(r).$$

Da $g(x)$ eine im Bereich $-r \leq x \leq +r$ überall definierte, stetige und damit integrierbare Funktion ist, läßt sich diese Summe durch Integration ermitteln. Bedeutet dx eine geringe Zunahme von x, so ist die Wahrscheinlichkeit dafür, daß unser Merkmal mindestens x-mal mehr und höchstens $x + dx$-mal mehr als im Normalfall vorkommt, daß das Erscheinen des Merkmals in unserer Versuchsserie innerhalb des Streubereiches von x bis $x + dx$ bleibt,

$$dW = \frac{1}{\sqrt{2\pi n \cdot w \cdot \overline{w}}} \cdot e^{-\frac{x^2}{2n \cdot w \cdot \overline{w}}} dx.$$

62

Die Gesamtwahrscheinlichkeit W ergibt sich daraus durch Integration.

$$W = \frac{1}{\sqrt{2\,\pi\,n\cdot w\cdot\overline{w}}}\cdot\int\limits_{-r}^{+r} e^{-\frac{x^2}{2\,n\cdot w\cdot\overline{w}}}\,dx$$

Nach Einführung der Integrationsvariablen

$$t = \frac{x}{\sqrt{2\,n\,w\cdot\overline{w}}} \quad\text{also}\quad \frac{dx}{dt} = \sqrt{2\,n\cdot w\cdot\overline{w}}$$

erhalten wir:

$$W = \frac{1}{\sqrt{2\,\pi\,n\cdot w\cdot\overline{w}}}\cdot\int\limits_{-\frac{r}{\sqrt{2\,n\,w\,\overline{w}}}}^{+\frac{r}{\sqrt{2\,n\,w\,\overline{w}}}} e^{-t^2}\cdot\sqrt{2\,n\cdot w\cdot\overline{w}}\,dt$$

oder

$$W = \frac{1}{\sqrt{\pi}}\cdot\int\limits_{-\tau}^{+\tau} e^{-t^2}\,dt \quad\text{mit}\quad \tau = \frac{r}{\sqrt{2\,n\cdot w\cdot\overline{w}}} \tag{51}$$

Dies ist die sogenannte **Gauß-Laplacesche Integralformel.**

Die Diskussion des Integrals (51) führt zum *Bernoulli*schen Theorem. Wir untersuchen das Verhalten des Integrals bei über alle Grenzen wachsendem n.

Fall I: r **bleibt endlich oder wächst doch schwächer als** $\sqrt{n}$ **über alle Grenzen.** (D. h.: Der Integrationsbereich ist endlich oder bleibt doch kleiner als die Quadratwurzel aus der Anzahl der Versuche.)

Es ist

$$\lim_{n\to\infty}\tau = \lim_{n\to\infty}\frac{r}{\sqrt{2\,n\cdot w\cdot\overline{w}}} = 0;$$

daher auch

$$\lim_{n\to\infty} W = 0.$$

In Worten:

Lehrsatz 14:

Die Wahrscheinlichkeit dafür, daß das Auftreten eines Merkmals in einer Versuchsserie innerhalb eines endlichen Streuungsbereichs um den Normalfall (wahrscheinlichsten Fall) herum bleibt, strebt bei wachsender Serienlänge dem Grenzwert 0 zu. Dies gilt auch, wenn der Streuungsbereich über alle Grenzen wächst, jedoch schwächer als die Quadratwurzel aus der Anzahl n der Versuche.

5*

Fall II: r **wächst proportional zu** $\sqrt{n}$**;** d. h. $r = k \cdot \sqrt{n}$, wobei k eine Konstante bedeutet.

Dann ist

$$\lim_{n \to \infty} \tau = \lim_{n \to \infty} \frac{k \cdot \sqrt{n}}{\sqrt{2\,n \cdot w \cdot \bar{w}}} = \frac{k}{\sqrt{2\,w \cdot \bar{w}}} \cdot$$

Die Grenzen des Integrals $- \tau$ und $+ \tau$ nehmen feste Werte an. Es wird

$$\lim_{n \to \infty} W = \lim_{n \to \infty} \frac{1}{\sqrt{\pi}} \cdot \int_{-\tau}^{+\tau} e^{-t^2}\,dt = \frac{1}{\sqrt{\pi}} \cdot \int_{-\frac{k}{\sqrt{2\,w\bar{w}}}}^{+\frac{k}{\sqrt{2\,ww}}} e^{-t^2}\,dt.$$

In Worten:

Lehrsatz 15:

Die Wahrscheinlichkeit dafür, daß das Auftreten eines Merkmals in einer Versuchsserie innerhalb eines Streuungsbereichs um den Normalfall herum bleibt, dessen Länge proportional der Quadratwurzel aus der Anzahl der Versuche wächst, strebt bei wachsender Serienlänge einem festen, zwischen 0 und 1 liegenden Wert zu.

Fall III: r **wächst stärker als** $\sqrt{n}$.

Dann ist

$$\lim_{n \to \infty} \tau = \lim_{n \to \infty} \frac{r}{\sqrt{2\,n \cdot w \cdot \bar{w}}} = \infty,$$

daher

$$\lim_{n \to \infty} W = \lim_{\tau \to \infty} \frac{1}{\sqrt{\pi}} \cdot \int_{-\tau}^{+r} e^{-t^2}\,dt = \frac{1}{\sqrt{\pi}} \cdot \int_{-\infty}^{+\infty} e^{-t^2}\,dt.$$

Den Wert des uneigentlichen Integrals

$$\int_{-\infty}^{+\infty} e^{-t^2}\,dt$$

hat zuerst *Leonhard Euler* (1707 bis 1783) bestimmt; es ist deshalb unter dem Namen „**Eulersches Integral**" bekannt.

Aus Symmetriegründen ist

$$\int_{-\infty}^{+\infty} e^{-t^2}\,dt = 2 \cdot \int_{0}^{+\infty} e^{-t^2}\,dt = 2 \cdot J.$$

Nun ist

$$J^2 = \left[\int\limits_0^\infty e^{-t^2}\,dt\right]^2 = \int\limits_0^\infty e^{-t^2}\,dt \cdot \int\limits_0^\infty e^{-u^2}\,du = \int\limits_0^\infty \int\limits_0^\infty e^{-(t^2+u^2)}\,dt\,du.$$

Nach Einführung der Polarkoordinaten

$$t = \varrho \cdot \cos\varphi$$

und

$$u = \varrho \cdot \sin\varphi$$

ergibt sich:

$$J^2 = \int\limits_0^\infty \int\limits_0^\infty e^{-(t^2+u^2)}\,dt\,du = \int\limits_0^{\frac{\pi}{2}} \int\limits_0^\infty e^{-\varrho^2} \cdot \varrho\,d\varrho\,d\varphi$$

$$= \int\limits_0^{\frac{\pi}{2}} d\varphi \cdot \int\limits_0^\infty e^{-\varrho^2} \cdot \varrho\,d\varrho = \frac{\pi}{2} \int\limits_0^\infty e^{-\varrho^2} \cdot \varrho\,d\varrho$$

Führe ich nun noch $\varrho^2 = z$ mit $d\varrho = \dfrac{dz}{2\varrho}$ ein, so erhalte ich

$$J^2 = \frac{\pi}{2} \cdot \int\limits_0^\infty e^{-z} \cdot \frac{\varrho}{2\varrho}\,dz = \frac{\pi}{4} \cdot \int\limits_0^\infty e^{-z}\,dz = \frac{\pi}{4} \cdot \left[-e^{-z}\right]_0^\infty = \frac{\pi}{4}$$

oder

$$J = \frac{1}{2} \cdot \sqrt{\pi}.$$

Wir erhalten daher als Grenzwert der Gesamtwahrscheinlichkeit

$$\lim_{n\to\infty} W = \lim_{\tau\to\infty} \frac{1}{\sqrt{\pi}} \cdot \int\limits_{-\tau}^{+\tau} e^{-t^2}\,dt = \frac{1}{\sqrt{\pi}} \cdot \int\limits_{-\infty}^{+\infty} e^{-t^2}\,dt = \frac{1}{\sqrt{\pi}} \cdot 2 \cdot J = 1. \qquad (52)$$

In Worten:
Lehrsatz 16:

Die Wahrscheinlichkeit dafür, daß das Auftreten eines Merkmals in einer Versuchsserie innerhalb eines Streuungsbereichs um den Normalfall bleibt, dessen Ausdehnung selbst über alle Grenzen wächst — und zwar stärker als proportional der Quadratwurzel aus der Anzahl der Versuche —, strebt bei wachsender Serienlänge dem Grenzwert 1 zu.

Das Bernoullische Theorem umfaßt den Inhalt der Lehrsätze 14, 15 und 16. Als *Bernoulli*sches Gesetz im engeren Sinne bezeichnet man auch nur den Inhalt des Lehrsatzes 16.

Die *Gauß*sche Verteilungsfunktion ω_λ (*n*) bzw. $g(x)$ (Formel 49 bzw. 50) hatten wir als Näherungsfunktion unserer Wahrscheinlichkeitswerte $w_\lambda(n)$ nur für solche Werte von x abgeleitet, die klein gegen n blieben. Mit der stillschweigenden Erweiterung der Grenzen des *Gauß-Laplace*schen Integrals (Formel 51) auf größere, sogar auf über alle Grenzen wachsende Werte von r haben wir uns daher eigentlich von den Wahrscheinlichkeitswerten entfernt. Die Gültigkeit des *Bernoulli*schen Theorems aber, insbesondere der Lehrsatz 16 bzw. die Gleichung (52), zeigen uns nachträglich, daß die Übereinstimmung zwischen *Gauß*scher Verteilung und Wahrscheinlichkeitswerten wegen der schnellen Abnahme der Exponentialfunktion auch für beliebig große Werte von x erhalten bleibt. Denn alle Abweichungen, die überhaupt vorkommen können, müssen ja auch innerhalb des Streuungsbereiches $- \infty \leq x \leq + \infty$ liegen, so daß die Gesamtwahrscheinlichkeit für den gesamten zwischen $- \infty$ und $+ \infty$ liegenden Streubereich selbstverständlich den Wert 1 besitzen muß.

Das *Poisson*sche Theorem, auf dessen Behandlung wir verzichten, ist eine Verallgemeinerung des *Bernoulli*schen Theorems für den Fall, daß die Grundwahrscheinlichkeit innerhalb der Versuchsserie wechselt.

§ 11. Die Mendelschen Gesetze

Der Abt *Gregor Mendel* (1822 bis 1884) hat im Garten seines Klosters in Brünn viele Züchtungsversuche angestellt. Er sammelte dabei umfangreiches statistisches Material, auf Grund dessen er zu den bekannten, nach ihm benannten Vererbungsgesetzen kam. Nach ihrer Veröffentlichung im Jahre 1865 gerieten sie in Vergessenheit. Der Deutsche *Correns*, der Österreicher *Tschermak* und der Holländer *de Vries* entdeckten um die Jahrhundertwende völlig unabhängig voneinander diese Gesetze wieder. Diese Gesetze, die auf experimentellem Wege gefunden wurden, sind durch wahrscheinlichkeitstheoretische Überlegungen ableitbar. Ihr Inhalt ist geradezu charakteristisch für Gesetze der Wahrscheinlichkeit. Wie jedes Wahrscheinlichkeitsgesetz niemals den Ausgang eines einzelnen Versuches (das Auftreten eines Merkmals in einem bestimmten Versuch) voraussagen kann und will, so sagen die *Mendel*schen Vererbungsgesetze nichts über die Eigenschaften eines einzelnen Individuums aus, das durch Kreuzung von Individuen mit bekannten Eigenschaften entstanden ist. Vielmehr geben sie mit Bestimmtheit an, auf wie viele unter einer großen Zahl von Nachkommen eine bestimmte Eigenschaft eines Elternteils vererbt wird.

An einem einfachen Fall wollen wir dies für das erste *Mendel*sche Gesetz zeigen.

Hat man in einem Garten „Löwenmaul“-Blumen, die zur Hälfte rot und
zur Hälfte weiß blühen, so ergeben die geernteten Samen Pflanzen, die
zur Hälfte rosa und zu je einem Viertel rot und weiß blühen. Eine weitere
„Vermischung“ der Farben rot und weiß tritt nicht ein, sondern das Verhältnis der drei Blütenfarben rosa, rot und weiß ändert sich bei unbeschränk-
ter weiterer Fortpflanzung nicht mehr. Dies ist die Beobachtung.
Eine variable Eigenschaft einer Pflanze mag auf verschiedene Arten in
Erscheinung treten. In unserem Beispiel ist diese variable Eigenschaft die
Blütenfarbe, die hier zunächst in zwei Arten (rot und weiß) auftritt. Man
nimmt heute an, daß im allgemeinen in jedem Samenkorn und in jeder Zelle
des aus dem Samenkorn hervorgehenden Individuums genau zwei dieser
Arten als Anlagen vertreten sind, nur zwei Arten auch dann, wenn mehr
als zwei zur Auswahl stehen. Träger dieser beiden Anlagen ist das Chromosomenpaar des Zellkerns. Ein Individuum trägt dann in allen seinen Zellen
die gleichen beiden Anlagen, die daher charakteristisch für dieses Individuum sind. Für unser Beispiel müssen wir annehmen, daß „Löwenmaul“
dann rot blüht, wenn beide Chromosomen die Anlage „rot“ besitzen, daß
es weiß blüht, wenn beide Chromosomen die Anlage „weiß“ mitbringen. Diese
Disposition des Individuums denken wir uns durch ein Täfelchen repräsentiert, auf dessen Vorderseite die eine und auf dessen Rückseite die andere
Anlage vermerkt ist. Allen Zellen der roten Blüten würde dann etwa ein
Täfelchen entsprechen, das auf beiden Seiten den Buchstaben r trägt; die
Täfelchen der weißen Blüten tragen auf beiden Seiten den Buchstaben w.
Wir wollen diese Täfelchen kurz mit „r, r“ und „w, w“ bezeichnen.
Bei der Befruchtung vereinigt sich nun eine Samenzelle eines Individuums
mit einer Samenzelle eines anderen. Durch einen komplizierten biologischen
Vorgang während der Reifung wird erreicht, daß jede der zur Vereinigung
gelangenden Geschlechtszellen nur je ein Chromosom ihres charakteristischen
Chromosomenpaares mitbringt; beide einzelnen Chromosomen bilden dann
das Chromosomenpaar des Individuums der nächsten Generation. Auf diese
Weise erhält jedes neue Individuum von jedem Elternteil eine Anlage.
Der Vorgang der Auswahl des einen Chromosoms unterliegt offenbar dem
Zufall. Wir können ihn uns deshalb symbolisch so vorstellen, daß wir beide
in Betracht kommenden Täfelchen wie Münzen hochwerfen, die beiden
oben liegenden Buchstaben notieren und auf je eine Seite eines neuen
Täfelchens schreiben, das dann die charakteristische Disposition des durch
die Befruchtung entstandenen Individuums der nächsten Generation darstellt. Stellen wir uns nun vor, daß die Pflanzen, deren charakteristische
Täfelchen auf einer Seite „r“ und auf der anderen „w“ zeigen, rosa blühen,
so ist zunächst einmal das Auftreten von rosa blühenden Pflanzen in der
zweiten Generation erklärt. Liefert die ursprünglich vorhandene erste
Generation a Samen rotblühender und b Samen weißblühender Pflanzen,
so brauchen wir zur Beurteilung der Wahrscheinlichkeit des Befruchtungs-

vorganges die Täfelchen jetzt noch nicht zu werfen, da alle bisher vorhandenen auf beiden Seiten den gleichen Buchstaben zeigen, die roten Samenzellen nur „r" und die weißen Samenzellen nur „w" vererben können. Es kommt nur darauf an, ob zwei rote, zwei weiße oder ein rotes mit einem weißen Täfelchen zusammentrifft. Da jedes Täfelchen mit jedem anderen zusammentreffen kann, erhalten wir unter Berücksichtigung der Tatsache, daß auf diese Weise jede Paarung doppelt gezählt ist,

$$m = \frac{1}{2} \cdot (a + b) \cdot (a + b - 1)$$

mögliche Paarungen. Da a und b große Zahlen sind (auch bei wenigen Individuen ist dies im allgemeinen wegen der großen Zahl von Samenzellen der Fall), ergibt sich ohne nennenswerten Fehler

$$m = \frac{1}{2} \cdot (a + b) \cdot (a + b) = \frac{1}{2} \cdot (a^2 + 2\,ab + b^2).$$

Günstig dafür, daß zwei rote Täfelchen zusammenkommen, sind

$$g_r = \frac{1}{2} \cdot a \cdot (a - 1) \approx \frac{1}{2} \cdot a^2 \text{ Fälle,}$$

daß zwei weiße zusammentreffen,

$$g_w = \frac{1}{2} \cdot b \cdot (b - 1) \approx \frac{1}{2} \cdot b^2 \text{ Fälle,}$$

und daß ein rotes mit einem weißen zusammentrifft,

$$g_{r,w} = a \cdot b \text{ Fälle.}$$

So erhalten wir

$$w_r = \frac{a^2}{a^2 + 2\,ab + b^2}, \qquad w_w = \frac{b^2}{a^2 + 2\,ab + b^2}, \qquad w_{r,w} = \frac{2\,ab}{a^2 + 2\,ab + b^2}$$

als Wahrscheinlichkeiten dafür, daß ein Individuum der zweiten Generation rot, weiß oder rosa blüht. Sind unserer Ausgangsannahme gemäß ursprünglich gleich viele rot- und weißblühende Pflanzen vorhanden, so werden auch gleich viele Samenzellen von ihnen geliefert werden. Dann wird $b = a$ und

$$w_r = \frac{a^2}{4\,a^2} = \frac{1}{4}, \qquad w_w = \frac{a^2}{4\,a^2} = \frac{1}{4}, \qquad w_{r,w} = \frac{2\,a^2}{4\,a^2} = \frac{1}{2}.$$

Nach dem Gesetz der großen Zahlen (Lehrsatz 10) ist deshalb mit maximaler Wahrscheinlichkeit zu erwarten, daß ein Viertel der zweiten Generation rot, ein Viertel weiß und die Hälfte rosa blühen, wie es genau der Beobachtung entspricht.

68

Bevor wir uns überlegen, wie groß die maximale Wahrscheinlichkeit ist, wollen wir den Erbgang der folgenden Generation ins Auge fassen.

Nehmen wir zunächst an, die wahrscheinlichste Verteilung der Farben wäre bei der zweiten Generation wirklich eingetreten, d. h. unter N sich weiter fortpflanzenden Samenzellen seien $\dfrac{N}{4}$ rot, $\dfrac{N}{4}$ weiß und $\dfrac{N}{2}$ rosa veranlagt, wobei N wieder eine sehr große Zahl ist. Jetzt haben wir, wie oben beschrieben, in Gedanken je zwei Täfelchen auszuwählen, sie hochzuwerfen und die oben liegenden „Anlagen" auf ein neues Täfelchen zu schreiben.

Bedenken wir, daß jedes Täfelchen mit jedem anderen gekoppelt werden kann (wobei jede Möglichkeit wieder doppelt gezählt ist) und bei dem Hochwerfen eines Täfelchenpaares 4 verschiedene Ergebnisse zustande kommen können, so erkennen wir insgesamt

$$m = \frac{1}{2} \cdot 4 \cdot N \cdot N = 2\,N^2 \text{ Möglichkeiten.}$$

Bezeichnen wir die $\dfrac{N}{4}$ zu den roten Pflanzen gehörigen Täfelchen kurz mit r, r, die $\dfrac{N}{4}$ zu den weißen gehörigen mit w, w und die $\dfrac{N}{2}$ zu den rosa gehörigen mit r, w, so ist das Zustandekommen eines r, r der dritten Generation auf folgende drei Arten denkbar:

a) r, r trifft auf r, r, Ergebnis des Hochwerfens gleichgültig
b) r, r trifft auf r, w, das zweite Täfelchen muß r zeigen
c) r, w trifft auf r, w, beide müssen r zeigen

Das ergibt bei

$$\text{a) } \frac{1}{2} \cdot 4 \cdot \frac{N}{4} \cdot \frac{N}{4} = \frac{N^2}{8}, \quad \text{bei b) } 2 \cdot \frac{N}{4} \cdot \frac{N}{2} = \frac{N^2}{4}, \quad \text{bei c) } \frac{1}{2} \cdot 1 \cdot \frac{N}{2} \cdot \frac{N}{2} = \frac{N^2}{8}$$

Möglichkeiten. Für das Entstehen eines r, r-Täfelchens der dritten Generation sind daher insgesamt

$$g_r = \frac{N^2}{8} + \frac{N^2}{4} + \frac{N^2}{8} = \frac{N^2}{2}$$

Fälle günstig, so daß rot blühende Pflanzen der dritten Generation mit der Wahrscheinlichkeit

$$w_r = \frac{g_r}{m} = \frac{1}{4}$$

zu erwarten sind. Genau so schließt man

$$g_w = \frac{N^2}{8} + \frac{N^2}{4} + \frac{N^2}{8} = \frac{N^2}{2} \quad \text{und} \quad w_w = \frac{g_w}{m} = \frac{1}{4}.$$

Ein r, w-Täfelchen kann auf eine der folgenden Arten entstehen:

a) r, r trifft auf w, w, Ergebnis des Hochwerfens gleichgültig
b) r, r trifft auf r, w, beim zweiten Täfelchen liegt w oben
c) w, w trifft auf r, w, beim zweiten Täfelchen liegt r oben
d) r, w trifft auf r, w, ein Täfelchen muß r, das andere w zeigen

Das ergibt

$$\text{bei a) } 4 \cdot \frac{N}{4} \cdot \frac{N}{4} = \frac{N^2}{4}, \qquad \text{bei b) } 2 \cdot \frac{N}{4} \cdot \frac{N}{2} = \frac{N^2}{4},$$

$$\text{bei c) } 2 \cdot \frac{N}{4} \cdot \frac{N}{2} = \frac{N^2}{4}, \qquad \text{bei d) } \frac{1}{2} \cdot 2 \cdot \frac{N}{2} \cdot \frac{N}{2} = \frac{N^2}{4}$$

Möglichkeiten. Daraus ergibt sich

$$g_{r,w} = \frac{N^2}{4} + \frac{N^2}{4} + \frac{N^2}{4} + \frac{N^2}{4} = N^2$$

und

$$w_{r,w} = \frac{g_{r,w}}{m} = \frac{1}{2} .$$

Die Verteilung der Wahrscheinlichkeiten ist in der dritten Generation die gleiche wie in der zweiten. Dasselbe würde sich beim Erbgang von der dritten zur vierten Generation abspielen, so daß das Verhältnis der rot, weiß und rosa blühenden Blumen von der zweiten Generation ab konstant bleibt.

Was bedeutet nun der geführte Nachweis, daß die nach den Mendelschen Gesetzen sich einstellenden Verteilungen nach dem Gesetz der großen Zahlen (Lehrsatz 10) diejenigen sind, die mit maximaler Wahrscheinlichkeit erwartet werden dürfen? Wie wir wissen (Formel 46), ist diese maximale Wahrscheinlichkeit bei so großen Zahlen, wie sie hier stets vorkommen, sehr gering. **Lassen wir aber eine Streuung zu, die** proportional der Gesamtzahl der Beobachtungen ist oder die doch wenigstens **stärker wächst als die Quadratwurzel aus der Zahl der Beobachtungen, so strebt die Gesamtwahrscheinlichkeit nach dem Bernoullischen Theorem (Lehrsatz 16) dem Grenzwert 1 zu, ist also bei großen Anzahlen praktisch der Sicherheit gleichzusetzen.** Dabei ist zu bedenken, daß die Quadratwurzel aus n ein umso kleinerer Prozentsatz von n ist, je größer n wird. Dieser Prozentsatz strebt sogar dem Grenzwert 0 zu, denn

$$\lim_{n \to \infty} \frac{\sqrt{n}}{n} \cdot 100 = \lim_{n \to \infty} \frac{100}{\sqrt{n}} = 0.$$

Dies gilt auch für jede Größe, die zwar stärker als $\sqrt{n}$, aber schwächer als n über alle Grenzen wächst. Lassen wir z. B. eine Streuung zu, die proportional

70

zu $\sqrt[3]{n^2}$ wächst, etwa $s = k \cdot \sqrt[3]{n^2}$ (k eine beliebige Konstante), so daß ihr Prozentsatz von n

$$\frac{s}{n} \cdot 100 = \frac{k \cdot \sqrt[3]{n^2}}{n} \cdot 100$$

ist, so gilt auch

$$\lim_{n \to \infty} \frac{s}{n} \cdot 100 = \lim_{n \to \infty} \frac{k \cdot \sqrt[3]{n^2}}{n} \cdot 100 = \lim_{n \to \infty} \frac{k \cdot 100}{\sqrt[3]{n}} = 0.$$

Der Prozentsatz der zulässigen Streuung in bezug auf die Gesamtzahl darf also sogar dem Grenzwert 0 zustreben, ohne daß nach dem *Bernoulli*schen Theorem die Gesamtwahrscheinlichkeit kleiner als 1 wird.

An dieser Stelle sei bemerkt, daß die moderne Wahrscheinlichkeitsrechnung in diesem Punkt insofern der klassischen überlegen ist, als sie ohne Zuhilfenahme des *Bernoulli*schen Theorems direkt zu ähnlichen Ergebnissen gelangt. Das liegt daran, daß sie ihrer Definition der mathematischen Wahrscheinlichkeit weitergehende Voraussetzungen zugrunde legt[1]).

Die Gesetzmäßigkeit der Vererbung tritt nicht bei jeder Pflanzenart so augenscheinlich zutage wie beim Löwenmaul. Dafür sei ein Beispiel gegeben.

Sät man auf ein Feld grüne und gelbe Erbsen zu gleichen Teilen, so erhält man Samen, die zu einem Viertel grün und zu drei Vierteln gelb sind. Auch hier ändert sich das Verhältnis der beiden Sorten bei weiterer Vermehrung in den folgenden Generationen nicht. Das dieser Beobachtung zugrunde liegende Gesetz ist genau das gleiche wie im vorigen Beispiel. Der Unterschied liegt lediglich darin, daß hier das Chromosomenpaar „gelb-grün" nicht zu einer äußerlich erkennbaren Mischfarbe führt; diese Exemplare sind vielmehr von den reinrassigen gelben nicht zu unterscheiden. Man sagt: „Gelb" dominiert über „Grün".

Geht man nicht von gleich vielen Mutterpflanzen verschiedener Sorte aus, so bleibt das Verhältnis der Sorten nicht von der zweiten Generation ab konstant, sondern nähert sich allmählich einem Grenzwert. Keinesfalls tritt eine immer stärker werdende „Vermischung" ein, sondern die reinrassigen Pflanzen setzen sich zu einem bestimmten Prozentsatz immer wieder durch. Auch die komplizierteren Verhältnisse bei mehr als zwei Merkmalen lassen sich in entsprechender Weise ohne weitergehende Hilfsmittel wahrscheinlichkeitstheoretisch behandeln[2]).

---

[1]) Genaueres findet sich im Beiheft 9 „Moderne Wahrscheinlichkeitsrechnung".

[2]) Untersuchungen von *H. Tietze*; Zeitschrift für angewandte Mathematik und Mechanik 3 (1923), S. 362 bis 393.

1. Eine Pflanzengeneration weise in drei gleichen Teilen die Merkmale *a, b* und *c* auf, die man sich etwa als Blütenfarben vorstellen kann. In welchem Verhältnis treten in der nächsten Generation Pflanzen mit reinrassigen Merkmalen *a, b, c* und mit den Mischmerkmalen *a, b; a, c; b, c* auf?
2. Rechne das Beispiel Löwenmaul für die zweite, dritte und vierte Generation durch, wenn die Mengen der Pflanzen in der ersten Generation im Verhältnis a) 2 : 1, b) 3 : 1, c) *x : y* stehen.
3. Löse die Aufgabe 2 für gelbe und grüne Erbsen.

§ 12. Geometrische Wahrscheinlichkeit

1. Das Bertrandsche Paradoxon

Ich zeichne willkürlich eine Sehne in einen gegebenen Kreis mit dem Radius *r*. Wie groß ist die Wahrscheinlichkeit dafür, daß die Länge dieser Sehne größer ist als die Seite des dem Kreis einbeschriebenen gleichseitigen Dreiecks?

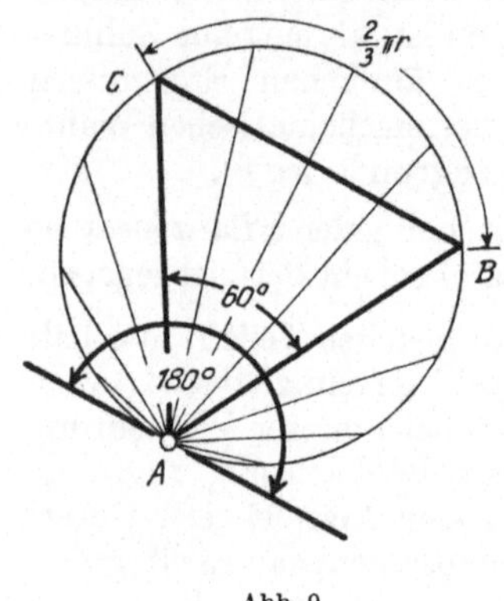

Abb. 9

Lösung A: Ich zeichne in den gegebenen Kreis ein gleichseitiges Dreieck *A B C* und denke sämtliche durch den Punkt *A* gehenden Sehnen gezogen (Abb. 9). Sie überstreichen dabei den gesamten, von der durch *A* laufenden Tangente gebildeten Winkelbereich von 180°. In diesem Bereich sind alle innerhalb des Winkels *C A B* = 60° liegenden Sehnen länger als die Dreiecksseite. Da ich außer für *A* die gleiche Überlegung auch für jeden anderen Punkt des Kreisumfangs anstellen kann und damit alle überhaupt möglichen Sehnen erfaßt sind, erhalten wir

$$w_A = \frac{60}{180} = \frac{1}{3}.$$

Zu dem gleichen Resultat gelangt man auch, wenn man bedenkt, daß sich die Endpunkte sämtlicher von *A* ausgehenden Sehnen auf dem gesamten Kreisumfang der Länge $2\pi r$ verteilen, während die Endpunkte der „günstigen" Sehnen auf dem Bogen *B C* liegen, der die Länge $\frac{2}{3} \cdot \pi r$ besitzt. Darum ist auch jetzt

$$w_A = \frac{\frac{2}{3}\pi \cdot r}{2\pi \cdot r} = \frac{1}{3}.$$

Lösung B: Jede Kreissehne ist eindeutig durch die Lage ihres Mittelpunktes bestimmt. Die Mittelpunkte sämtlicher möglichen Sehnen verteilen sich auf die gesamte Kreisfläche $F_1 = \pi \cdot r^2$. Zeichnet man einen zweiten, dem ersten Kreis konzentrischen Kreis mit dem Radius $\dfrac{r}{2}$, so erkennt man (Abb. 10), daß jede an den inneren Kreis gelegte Tangente Sehne des äußeren Kreises von der Länge $r \cdot \sqrt{3}$ ist, also genau die Länge des in Rede stehenden einbeschriebenen gleichseitigen Dreiecks besitzt. Deshalb liegen die Mittelpunkte sämtlicher Sehnen, die größer

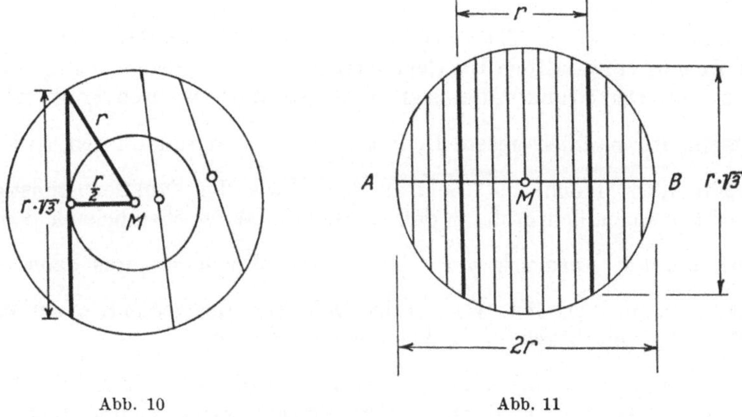

Abb. 10
Abb. 11

als $r \cdot \sqrt{3}$ sind, innerhalb des kleinen Kreises. Umgekehrt ist auch jede Sehne, deren Mittelpunkt innerhalb des kleinen Kreises der Fläche

$$F_2 = \pi \cdot \frac{r^2}{4}$$

liegt, größer als die genannte Tangente. Wir erhalten daher

$$w_B = \frac{\pi \cdot \dfrac{r^2}{4}}{\pi \cdot r^2} = \frac{1}{4}.$$

Lösung C: Ich zeichne einen beliebigen Durchmesser $A\,B$ des gegebenen Kreises und betrachte sämtliche auf ihm senkrecht stehenden Sehnen (Abb. 11). Nach den Überlegungen des Lösungsganges C wissen wir

bereits, daß unter diesen diejenigen beiden Sehnen die „Grenzlänge"
$r \cdot \sqrt{3}$ besitzen, deren Schnittpunkte mit dem vorgegebenen Durchmesser den Abstand $\frac{r}{2}$ vom Mittelpunkt des Kreises besitzen. Alle
zwischen diesen beiden „Grenzsehnen" liegenden Sehnen sind länger
als $r \cdot \sqrt{3}$. Das gleiche gilt für jeden anderen Durchmesser, so daß wir
erhalten:

$$w_C = \frac{r}{2\,r} = \frac{1}{2}$$

Es erscheint in der Tat zunächst paradox, daß man durch vier an sich
durchaus einwandfreie Überlegungen zu drei verschiedenen Ergebnissen
gelangt. Der Grund dafür liegt an der zu unbestimmten Fragestellung.
Wenn wir nämlich unsere Definition $w = \frac{g}{m}$ zugrunde legen, so ist die
Zahl aller „möglichen" Sehnen ebenso wie die Zahl der „günstigen"
Sehnen unendlich groß, so daß wir für die Wahrscheinlichkeit den unbestimmten Ausdruck $w = \frac{\infty}{\infty}$ erhalten. Wir haben uns daher noch
genauer zu überlegen, was bei der Definition der geometrischen Wahrscheinlichkeit beachtet werden muß.

2. Der wesentliche Unterschied zu den bisherigen „arithmetischen" Wahrscheinlichkeiten liegt darin, daß es sich hier stets um unendlich viele,
sogar um kontinuierlich unendlich viele mögliche Fälle handelt. Dieser
Paragraph wäre daher treffender „kontinuierliche Wahrscheinlichkeiten" zu überschreiben.

Ist die Zahl der möglichen Fälle zunächst abzählbar unendlich, so wählt
man m Fälle von ihnen aus, stellt die Zahl g_m der unter diesen befindlichen günstigen Fälle fest und bildet den Quotienten $\frac{g_m}{m}$. Strebt dieser
bei über alle Grenzen wachsendem m einem Grenzwert zu und ist dessen
Wert von der Art der Auswahl der m Fälle unabhängig, so nennen wir
ihn die mathematische Wahrscheinlichkeit:

$$w = \lim_{m \to \infty} \frac{g_m}{m}$$

Sind die unterschiedenen Fälle in dem früheren Sinne nicht gleichmöglich, so gebe $\varphi(m)$ das Gewicht der einzelnen möglichen Fälle an.

74

Der zu der Wahrscheinlichkeit für das Eintreten des i-ten Falles führende Quotient ist dann

$$\frac{\varphi(i)}{\varphi(1) + \varphi(2) + \cdots + \varphi(m)}.$$

Durch nachträgliche Numerierung läßt sich erreichen, daß von m Fällen immer die ersten g_m günstig sind. Wir erhalten dann als Wahrscheinlichkeit w:

$$w = \lim_{m \to \infty} \frac{\sum_{i=1}^{g_m} \varphi(i)}{\sum_{i=1}^{m} \varphi(i)}$$

Die Funktion $\varphi(m)$ nennt man Wahrscheinlichkeitsdichte.

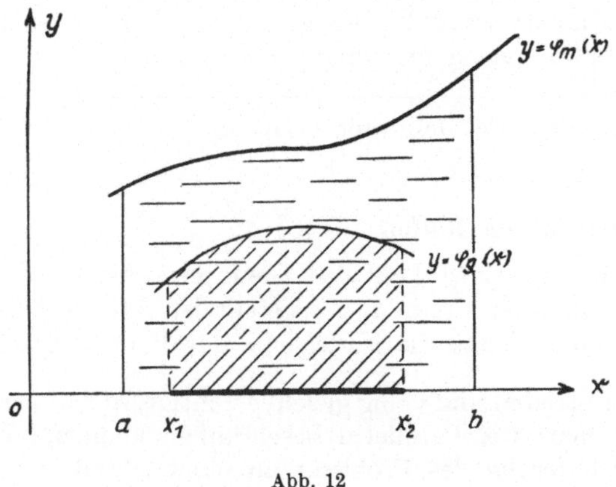

Abb. 12

Lassen wir nun kontinuierlich unendlich viele Möglichkeiten zu, so mögen sie einen Bereich $a \leq x \leq b$, in dem die Wahrscheinlichkeitsdichte als Funktion von x definiert ist, erfüllen. Ein innerhalb dieses Bereiches liegender Bereich $x_1 \leq x \leq x_2$ enthält dann die Gesamtheit der günstigen Fälle (Abb. 12). Die Wahrscheinlichkeitsdichte für den „günstigen Bereich" wollen wir nicht eo ipso mit der Wahrscheinlichkeitsdichte des „möglichen Bereichs" gleichsetzen, weil wir nicht immer voraussetzen dürfen, daß jeder günstige Fall auch mit dem gesamten ihm als möglichem Fall zukommenden Gewicht günstig ist. Die früher in solchen Fällen durchführbare weitere Unterteilung der möglichen Fälle entfällt jetzt. Die **geometrische** oder **kontinuierliche Wahrscheinlichkeit** setzen wir ohne Widerspruch zu der früheren Definition wie folgt fest:

Definition 4:

> Läßt ein Ereignis die Erfüllung eines Bereiches $a \leq x \leq b$ mit dem Gewicht $\varphi_m(x)$ zu und ist für das Auftreten eines Merkmals der innerhalb des ersten liegende nicht größere Bereich $x_1 \leq x \leq x_2$ mit dem Gewicht $\varphi_g(x)$ günstig, wobei in dem Bereich $x_1 \leq x \leq x_2$ überall $\varphi_g(x) \leq \varphi_m(x)$ gilt, so ist die Wahrscheinlichkeit w für das Auftreten dieses Merkmals
>
> $$w = \frac{\int\limits_{x_1}^{x_2} \varphi_g(x)\, dx}{\int\limits_{a}^{b} \varphi_m(x)\, dx}.$$
>
> Die Randpunkte eines kontinuierlichen Bereichs fallen ebenso wie die Umrandungen einer Fläche gegenüber dem Bereich nicht ins Gewicht. Sie können daher unberücksichtigt bleiben.

Ein Beispiel soll diese Definition erläutern.

3. Das Nadelproblem von Buffon

Eine Nadel der Länge c wird auf eine Ebene geworfen, die durch parallele Linien in Streifen der Breite $a > c$ geteilt ist. Wie groß ist die Wahrscheinlichkeit dafür, daß die Nadel eine der Parallelen schneidet?

Die einzelnen Streifen sind völlig gleichberechtigt, so daß wir uns auf den Bereich zwischen zwei Parallelen beschränken können. Ferner dürfen wir ohne Abänderung des Problems annehmen, daß der Mittelpunkt der Nadel in die untere Hälfte eines Parallelenstreifens fällt (Abb. 13). Bezeichnen wir dann den variablen Abstand der Nadelmitte von der unseren Halbstreifen begrenzenden Parallelen mit x, so kann x den Bereich $0 \leq x \leq \dfrac{a}{2}$ durchlaufen. In jeder Lage des Mittelpunktes kann die Nadel dann noch eine halbe Umdrehung um ihren Mittel-

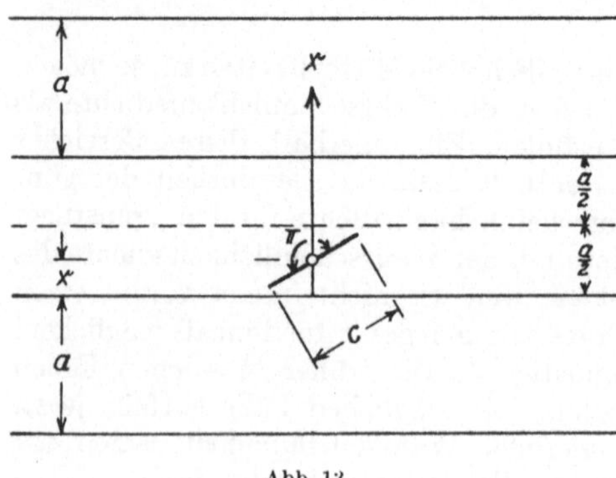

Abb. 13

76

punkt ausführen, sich also um den Winkel mit der Bogenlänge π drehen. Damit sind dann alle in dem oben abgegrenzten Bereich möglichen Lagen erschöpft, so daß die Wahrscheinlichkeitsdichte der möglichen Fälle in dem gesamten Bereich $0 \leq x \leq \dfrac{a}{2}$ den konstanten Wert $\varphi_m(x) = \pi$ besitzt.

Der günstige Bereich für die Lage des Mittelpunktes der Nadel ist nur $0 \leq x \leq \dfrac{c}{2}$. Denn sobald $x > \dfrac{c}{2}$ wird, kann die Nadel die Parallele nicht mehr erreichen. Außerdem haben wir hier bereits den unter 2. erwähnten Fall, daß nicht jeder günstige Fall auch mit dem gesamten ihm als möglichen Fall zukommenden Gewicht günstig ist. Denn die Nadel darf nicht in dem ganzen günstigen Bereich eine Umdrehung um den Winkel π machen, wenn mindestens ihre Spitze noch die Parallele erreichen soll. Vielmehr gilt für den Grenzwinkel (Abb. 14)

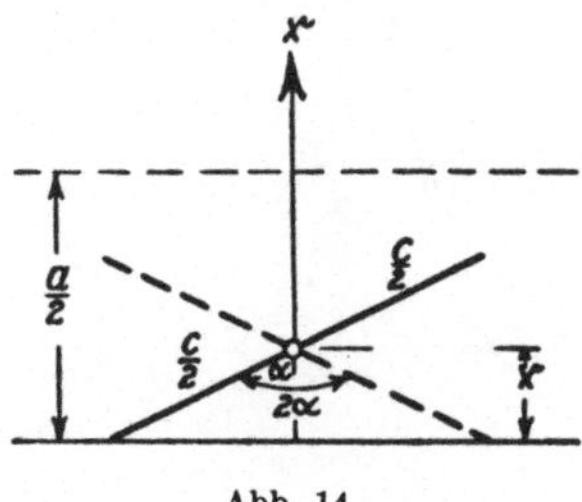

Abb. 14

$$\cos \alpha = \frac{x}{\frac{c}{2}} = \frac{2\,x}{c} \quad \text{oder} \quad \alpha = \text{arc cos}\, \frac{2\,x}{c} \cdot$$

Alle günstigen Lagen werden erfaßt, wenn die Nadel in jeder günstigen Lage des Mittelpunktes eine Drehung um den Winkel 2α ausführt. Für die Wahrscheinlichkeitsdichte der günstigen Fälle gilt deshalb

$$\varphi_g(x) = 2 \cdot \text{arc cos}\, \frac{2\,x}{c} \quad \text{in dem Bereich } 0 \leq x \leq \frac{c}{2} \cdot$$

Damit wird die gesuchte Wahrscheinlichkeit gemäß Definition 4:

$$w = \frac{\displaystyle\int_0^{\frac{c}{2}} \varphi_g(x)\,dx}{\displaystyle\int_0^{\frac{a}{2}} \varphi_m(x)\,dx} = \frac{\displaystyle\int_0^{\frac{c}{2}} 2 \cdot \text{arc cos}\, \frac{2\,x}{c}\,dx}{\displaystyle\int_0^{\frac{a}{2}} \pi\,dx}$$

Hierin ist

$$\int_0^{\frac{a}{2}} \pi\,dx = [\pi x]_0^{\frac{a}{2}} = \frac{\pi \cdot a}{2},$$

und bei Einführung der neuen Integrationsveränderlichen

$$y = \frac{2\,x}{c} \quad \text{mit} \quad dx = \frac{c}{2}\,dy$$

wird
$$\int_0^{\frac{c}{2}} 2 \cdot \text{arc cos } \frac{2\,x}{c}\,dx = 2 \cdot \frac{c}{2} \cdot \int_0^1 \text{arc cos } y\,dy,$$

hieraus durch Einführung der weiteren Variablen

$$z = \text{arc cos } y \quad \text{mit} \quad dy = -\sin z\,dz$$

$$c \cdot \int_0^1 \text{arc cos } y\,dy = -c \cdot \int_{\frac{\pi}{2}}^0 z \cdot \sin z\,dz = -c \cdot [\sin z - z \cdot \cos z]_{\frac{\pi}{2}}^0 = c$$

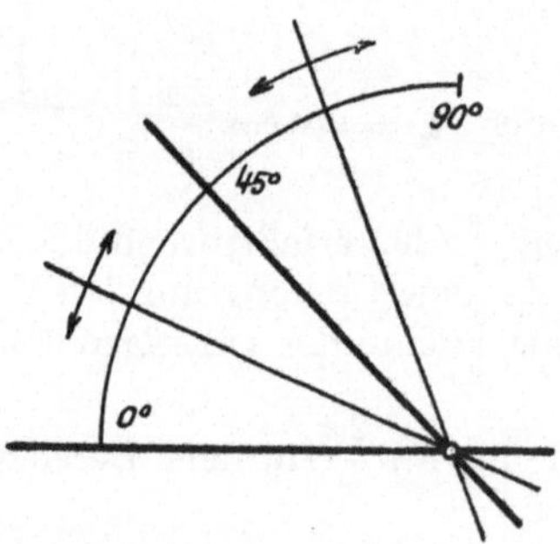

Abb. 15

So erhält man schließlich

$$w = \frac{c}{\frac{\pi \cdot a}{2}} = \frac{2\,c}{\pi \cdot a}\ ^{1)}.$$

Übungsaufgaben:

1. **Wie groß ist die Wahrscheinlichkeit dafür, daß eine beliebig konstruierte Ebene um mehr als 45° gegen den Horizont geneigt ist?** Zeige, daß die Fragestellung dieser Aufgabe ebenso wie bei dem *Bertrand*schen Paradoxon zu allgemein gehalten ist, um zu einer eindeutigen Lösung zu gelangen. Nimm einmal die verschiedenen Neigungswinkel als gleichwahrscheinlich an (Abb. 15) und bestimme die Nei-

---

[1]) Bei Zugrundelegung des modernen Wahrscheinlichkeitsbegriffes kann man mit Hilfe dieser Formel den Wert der Zahl π auf experimentellem Weg bestimmen.

78

gung ein anderes Mal durch ein von einem senkrecht über der Schnittlinie beider Ebenen liegenden festen Punkt auf die geneigte Ebene gefälltes Lot (Abb. 16).

2. **Wie groß ist die Wahrscheinlichkeit dafür, daß zwei auf einer Kugelfläche beliebig ausgewählte Punkte mit dem Mittelpunkt der Kugel einen Winkel bilden, der nicht größer als ein vorgegebener Winkel ω ist?** Zeige, daß auch diese so allgemein gehaltene Frage nicht eindeutig beantwortet werden kann. Nimm einen der beiden Punkte als feststehend an und laß den anderen einmal auf einem durch den ersten Punkt gehenden Großkreis wandern (Abb. 17), ein anderes

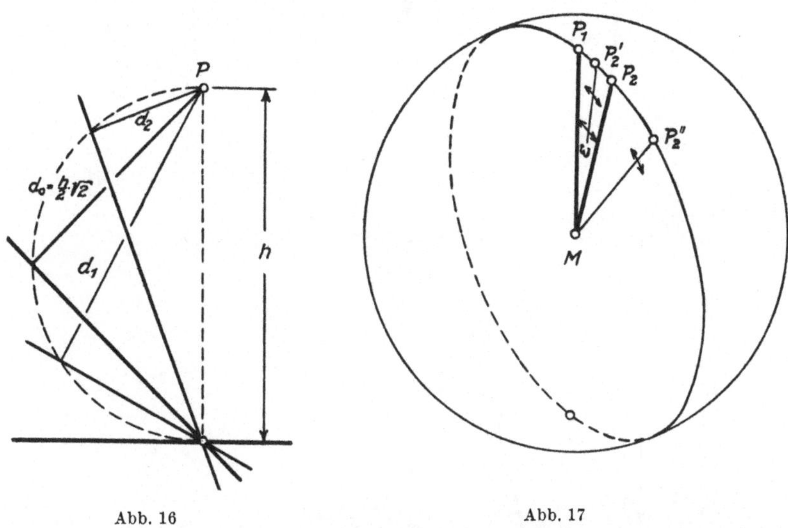

Abb. 16Abb. 17

Mal auf der gesamten Kugeloberfläche gleichzeitig (Abb. 18). Diese Frage gewinnt praktische Bedeutung, wenn man die Himmelskugel zugrunde legt und wissen will, ob die vielen dicht beieinanderliegenden Sternpaare mit großer Wahrscheinlichkeit wirkliche Doppelsterne sind oder ob der Wert der errechneten Wahrscheinlichkeit dafür spricht, daß sie nur „zufällig" von der Erde aus betrachtet an demselben Ort des Himmels erscheinen.

3. **Ein Stab der Länge a wird willkürlich in drei Teile zerbrochen. Wie groß ist die Wahrscheinlichkeit dafür, daß sich aus den drei Bruchstücken ein Dreieck bilden läßt?**

Bedenke, daß in jedem Dreieck die Summe zweier Seiten größer als die dritte Seite ist. Zeige, daß für die Möglichkeit, aus den mit x, y und z bezeichneten Bruchstücken ein Dreieck zu bilden, die Bedingungen

$$x \leqq \frac{a}{2}, \qquad y \leqq \frac{a}{2}, \qquad z \leqq \frac{a}{2}$$

notwendig und hinreichend sind. Stelle die Größen x, y und z als Veränderliche in einem rechtwinkligen dreidimensionalen Koordinatensystem dar. Berück-

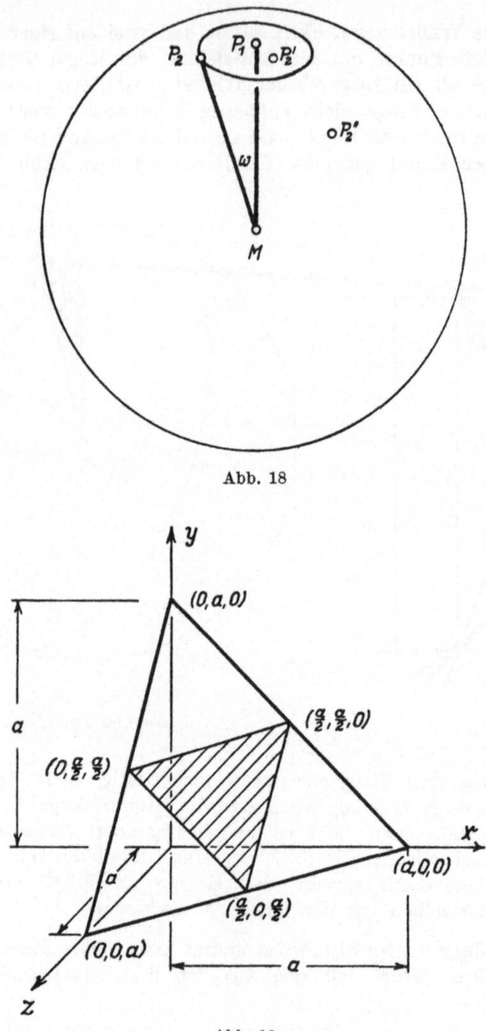

Abb. 18

Abb. 19

sichtige, daß in jedem Falle $x + y + z = a$ ist, und ermittle die Teile einer Ebene, die die möglichen Stablängen und die für die Bildung eines Dreiecks aus ihnen günstigen Stablängen darstellen (Abb. 19).

80

A. Tabellen
Tabelle I:

Zahlenwerte der *Stirling*schen Formel $F(n) = \dfrac{n^n \cdot \sqrt{2\pi n}}{e^n}$ im Vergleich zu $n!$

n	1	2	3	4	5	6	7	8
$n!$	1	2	6	24	120	720	5040	40320
$F(n)$	0,9221	1,9190	5,8362	23,5062	118,019	710,078	4980,40	39902,4
$\dfrac{n!}{F(n)}$	1,08444	1,04221	1,02806	1,02101	1,01678	1,01397	1,01197	1,01048

n	9	10	11	12
$n!$	362880	3628800	39916800	479001600
$F(n)$	359537	3598695	39615618	475687097
$\dfrac{n!}{F(n)}$	1,00930	1,00837	1,00760	1,00697

n	13	14	15	16
$n!$	6227020800	87178291200	1307674368000	20922789888000
$F(n)$	6187226301	86660434923	1300101469064	20810000429253
$\dfrac{n!}{F(n)}$	1,00643	1,00598	1,00582	1,00542

Tabelle II:

Zahlenwerte der Funktion $g(x) = \dfrac{1}{\sqrt{\pi \cdot c}} \cdot e^{-\frac{x^2}{c}}$

x	$g(x)$					
	$c = 12$	$c = 40$	$c = 110$	$c = 200$	$c = 360$	$c = 1000$
0	0,16286750	0,08920621	0,05379337	0,03989423	0,02973540	0,01784124
1	0,14984534	0,08700370	0,05330655	0,03969525	0,02965292	0,01782341
2	0,11669967	0,08071711	0,05187238	0,03910427	0,02940684	0,01777002
3	0,07693316	0,07123260	0,04956733	0,03813878	0,02900123	0,01768139
4	0,04293141	0,05979671	0,04651131	0,03682701	0,02844277	0,01755805
5	0,02027936	0,04774864	0,04285736	0,03520653	0,02774051	0,01740074
6	0,00810870	0,03626854	0,03877894	0,03332246	0,02690570	0,01721038
7	0,00274451	0,02620501	0,03445643	0,03122539	0,02595144	0,01698809
8	0,00078632	0,01801042	0,03006411	0,02896916	0,02489235	0,01673517
9	0,00019070	0,01177467	0,02575906	0,02660852	0,02374420	0,01645308
10	0,00003915	0,00732249	0,02167283	0,02419707	0,02252353	0,01614342

B. Formelverzeichnis

I. Kombinatorik

Nachstehend folgt eine ausführliche Zusammenstellung der Definitionen und Lehrsätze aus der Kombinatorik. Sie sind dem Beiheft 6 „Kombinatorik" entnommen. Für die Wahrscheinlichkeitsrechnung sind die fettgedruckten Lehrsätze und Definitionen besonders zu beachten.

Definition 1:

> Jede Anordnung einer endlichen Anzahl von Elementen, die dadurch entsteht, daß man sämtliche Elemente in irgendeiner Rangordnung nebeneinander setzt, nennen wir eine Permutation dieser Elemente.

Lehrsatz 1:

> Die Anzahl $P(n)$ der Permutation von n Elementen ist dem Produkt aller natürlichen Zahlen von 1 bis n gleich.
> $$P(n) = n!$$
> Rekursionsformel:
> $$P(n) = n! = n \cdot (n-1)! = n \cdot P(n-1)$$

Lehrsatz 2:

> Die Anzahl der Permutationen von n Elementen, unter denen sich eine Gruppe von α gleichen, eine weitere Gruppe von β gleichen, eine weitere Gruppe von γ gleichen Elementen usw. befindet, ist
> $$P_{\alpha,\,\beta,\,\gamma,\,\cdots}(n) = \frac{n!}{\alpha! \cdot \beta! \cdot \gamma! \cdots}.$$

Definition 3:

> **Unter einer Kombination der Klasse i von n Elementen versteht man jede Auswahl von i Elementen aus allen gegebenen; die Gesamtzahl der möglichen Kombinationen der Klasse i von n Elementen bezeichnen wir mit**
> $$K_i(n).$$

Lehrsatz 3:

> **Die Anzahl $K_i(n)$ der Kombinationen i-ter Klasse von n Elementen ist**
> $$K_i(n) = \binom{n}{i} = \binom{n}{n-i}.$$

Lehrsatz 4:

> Die Anzahl R derjenigen unter den Kombinationen der i-ten Klasse von n Elementen, die p vorgeschriebene Elemente ($1 \leqq p \leqq i$) enthalten, ist der Anzahl der Kombinationen der $(i-p)$-ten Klasse von $(n-p)$ Elementen gleich; sie hat den Wert
> $$R = K_{i-p}(n-p) = \binom{n-p}{i-p}.$$

Lehrsatz 5:

> Die Anzahl S derjenigen unter den Kombinationen der i-ten Klasse von n Elementen, die keines von p vorgeschriebenen Elementen ($1 \leqq p \leqq n$) enthalten, ist der Anzahl der Kombinationen der i-ten Klasse von $n-p$ Elementen gleich; sie hat den Wert
> $$S = K_i(n-p) = \binom{n-p}{i}.$$

Lehrsatz 6:

> Die Anzahl T derjenigen unter den Kombinationen der i-ten Klasse von n Elementen, die mindestens eines von p vorgeschriebenen Elementen ($1 \leqq p \leqq n$) enthalten, ist
> $$T = K_i(n) - K_i(n-p) = \binom{n}{i} - \binom{n-p}{i}.$$

Definition 5:

> **Unter einer Kombination der Klasse i von n verschiedenen Elementen mit Wiederholung verstehen wir jede Auswahl von insgesamt i Elementen aus allen gegebenen, bei der jedes Element so oft vorkommen kann, wie es die Klassenzahl zuläßt; die Gesamtzahl der möglichen Kombinationen der Klasse i von n Elementen mit Wiederholung bezeichnen wir mit**
> $$K'_n(n).$$

Lehrsatz 7:

> **Für die Anzahl aller möglichen Kombinationen der i-ten Klasse von n verschiedenen Elementen mit Wiederholung gilt:**
> $$K_i'(n) = \binom{n+i-1}{i}$$

Lehrsatz 8:

> Die Anzahl R' derjenigen unter den Kombinationen mit Wiederholung der i-ten Klasse von n Elementen, die p vorgeschriebene Elemente $(1 \leqq p \leqq i)$ enthalten, ist der Anzahl der Kombinationen mit Wiederholung $(i-p)$-ten Klasse von n Elementen gleich; sie hat den Wert
> $$R' = K_{i-p}'(n) = \binom{n+i-p-1}{i-p}.$$

Lehrsatz 9:

> Die Anzahl S' derjenigen unter den Kombinationen mit Wiederholung der i-ten Klasse von n Elementen, die keines von p vorgeschriebenen Elementen $(1 \leqq p \leqq n)$ enthalten, ist der Anzahl der Kombinationen mit Wiederholung der i-ten Klasse von $(n-p)$ Elementen gleich; sie hat den Wert
> $$S' = K_i'(n-p) = \binom{n+i-p-1}{i}.$$

Lehrsatz 10:

> Die Anzahl T' derjenigen unter den Kombinationen mit Wiederholung der i-ten Klasse von n Elementen, die mindestens eines von p vorgeschriebenen Elementen $(1 \leqq p \leqq n)$ enthalten, ist
> $$T' = K_i'(n) - K_i'(n-p) = \binom{n+i-1}{i} - \binom{n+i-p-1}{i}.$$

Definition 7:

> **Variationen der Klasse i von n Elementen sind sämtliche Auswahlen von i Elementen aus allen gegebenen, wobei zwei Variationen, die sich nur durch die Anordnung ihrer Elemente unterscheiden, als verschieden anzusehen sind. Sind sämtliche Elemente einer Variation verschieden, so ist diese eine Variation ohne Wiederholung; ihre Gesamtzahl bezeichnen wir mit $V_i(n)$. Variationen mit Wiederholung, deren Gesamtzahl wir mit $V_i'(n)$ bezeichnen, können die einzelnen Elemente auch beliebig oft wiederholt enthalten.**

Lehrsatz 11:

> Die Anzahl $V_i(n)$ aller möglichen Variationen ohne und die Anzahl
> $V_i'(n)$ aller möglichen Variationen mit Wiederholung der i-ten Klasse
> von n Elementen sind
>
> $$V_i(n) = \frac{n!}{(n-i)!} \quad \text{und} \quad V_i'(n) = n^i.$$

Lehrsatz 12:

> Die Anzahl U derjenigen unter den Variationen ohne Wiederholung der
> i-ten Klasse von n Elementen, die p vorgeschriebene $(0 \leqq p \leqq i)$ Ele-
> mente enthalten, ist
>
> $$U = i! \cdot K_{i-p}(n - p),$$
>
> wobei $K_{i-p}(n - p)$ die Anzahl der Kombinationen ohne Wiederholung
> der $(i - p)$-ten Klasse von $(n - p)$ Elementen bedeutet.

Lehrsatz 13:

> Die Anzahl W derjenigen unter den Variationen ohne und die Anzahl W'
> derjenigen unter den Variationen mit Wiederholung der i-ten Klasse
> von n Elementen, die keines von p vorgeschriebenen Elementen
> $(0 \leqq p \leqq n)$ enthalten, sind
>
> $$W = V_i(n - p) \quad \text{und} \quad W' = V_i'(n - p).$$

Lehrsatz 14:

> Die Anzahl Z derjenigen unter den Variationen ohne und die Anzahl Z'
> derjenigen unter den Variationen mit Wiederholung der i-ten Klasse
> von n Elementen, die mindestens eines von p vorgeschriebenen Elementen
> $(0 \leqq p \leqq n)$ enthalten, sind
>
> $$Z = V_i(n) - V_i(n - p) \quad \text{und} \quad Z' = V_i'(n) - V_i'(n - p).$$

II. Wahrscheinlichkeitsrechnung

(Definition 1) $\quad w = \dfrac{g}{m}$ — Wahrscheinlichkeit

(Lehrsatz 1) $\quad \overline{w} = 1 - w$ — Alternativwahrscheinlichkeit

(Lehrsatz 2) $\quad w = \sum\limits_{i=1}^{n} w_i$ — Additionssatz („entweder — oder")

(Lehrsatz 3) $\quad w = \prod\limits_{i=1}^{n} w_n$ — Multiplikationssatz („sowohl — als auch")

(Lehrsatz 4) $\quad W = \dbinom{n}{\lambda} \cdot w^{\lambda} \cdot \overline{w}^{\,n-\lambda}$ — *Newton*sche Formel

(Lehrsatz 6) $\quad w = \dfrac{w_i}{\sum\limits_{i=1}^{n} w_i}$ — Divisionssatz (Regel von *Bayes*)

(Definition 3) $\quad M\,(\mathfrak{E},\,x) = \sum\limits_{i=1}^{n} w_i\, x_i$ — Mathematische Hoffnung

(29) $\quad D\,(\mathfrak{E},\,x) = \prod\limits_{i=1}^{n} (a + x_i)^{w_i} - a$ — Moralische Hoffnung

(Lehrsatz 10) $\quad n \cdot w - \overline{w} \leqq m < n \cdot w + w$ — Gesetz der großen Zahlen

(44) $\quad n! \approx n^n \cdot e^{-n} \cdot \sqrt{2\pi n}$ — *Stirling*sche Formel

(50) $\quad g\,(x) = \dfrac{1}{\sqrt{2\pi n w \overline{w}}} \cdot e^{-\frac{x^2}{2 n w \overline{w}}}$ — *Gauß*sche Verteilung

(47) $\quad s \ = \sqrt{n w \overline{w}}$ — Mittlere Streuung

(48) $\quad h \ = \dfrac{1}{\sqrt{2\pi n w \overline{w}}}$ — Genauigkeitsmaß

$\quad \displaystyle\int\limits_{-\infty}^{+\infty} e^{-t^2}\, dt = \sqrt{\pi}$ — *Euler*sches Integral

Literatur

1. *Bernoulli*, Wahrscheinlichkeitsrechnung (ars conjectandi); Ostwalds Klassiker 107, 108, Leipzig 1899.
2. *Bortkiewicz*, Die Iterationen; Berlin 1917.
3. *Dörge*, Theorie des Glücksspiels; Mathematische Zeitschrift 32.
4. *Dörge*, Allgemeine Wahrscheinlichkeitstheorie; Mathematische Zeitschrift 40.
5. *Hack*, Wahrscheinlichkeitsrechnung; Sammlung Göschen 108.
6. *Juhos*, Das Problem der mathematischen Wahrscheinlichkeit; München 1930.
7. *Knopf*, Wahrscheinlichkeitsrechnung; Sammlung Göschen 508 und 871.
8. *Mangoldt*, Einführung in die höhere Mathematik; Leipzig 1923.
9. *Wellnitz*, Kombinatorik; Braunschweig 1964.
10. *Wellnitz*, Moderne Wahrscheinlichkeitsrechnung; Braunschweig 1964.
11. *Zermelo*, Über eine gerechte Punktverteilung beim Schachturnier; Mathematische Zeitschrift 29.

Namen- und Sachregister

VIEWEG PAPERBACKS

Gute wissenschaftliche Literatur muß nicht teuer sein!

Diese Paperbacks hat jede Buchhandlung vorrätig.

Sehen Sie sich in Ruhe an, was Sie interessiert.

Jeden Monat erscheinen neue Titel!

Fragen Sie Ihren Buchhändler!

Er zeigt sie Ihnen gern!

Sie können bei ihm auch einfach eine Reihe

zur Fortsetzung vormerken lassen.

Philosophie	**Biologie**
Mathematik	**Maschinenbau**
Physik	**Elektrotechnik**
Chemie	**Automation**

WTB
Wissenschaftliche
Taschenbücher

Chemische Thermodynamik
von W. Wagner — DM 6,80

Elementare Methoden zur Lösung von Differentialgleichungsproblemen
von H. Goering — DM 4,80

Elementarteilchen
von A. A. Sokolow — DM 3,80

Grundzüge der Relativitätstheorie
von A. Einstein — DM 9,80

Magnetochemie
von W. Haberditzl — DM 6,80

Mathematische Hilfsmittel in der Physik I
von G. Heber — DM 6,80

Mathematische Hilfsmittel in der Physik II
von G. Heber — DM 6,80

Relativität und Kosmos
von H.-J. Treder — DM 6,80

Spektroskopische Methoden in der organischen Chemie
von R. Borsdorf / M. Scholz — DM 6,80

Über spezielle und allgemeine Relativitätstheorie
von A. Einstein — DM 6,80

Varianzanalyse
von H. Ahrens — DM 9,80

Weiterhin sind als Paperbacks lieferbar:

Der Aufstieg der wissenschaftlichen Philosophie
von H. Reichenbach — DM 16,80

Bedeutung und Begriff
von S. J. Schmidt — DM 16,80

Boolsche Algebra und ihre Anwendung
von J. E. Whitesitt — DM 10,80

Grundlagen der Regelungstechnik
von E. Pestel / E. Kollmann — DM 19,80

Über mehrwertige Logik
von A. A. Sinowjew — DM 9,80

Programmierte Einführung in die Wahrscheinlichkeitsrechnung
von D. Stempell — DM 14.80

Was ist Wissenschaft?
von R. Wohlgenannt — DM 16,80

uni-texte

Studienbücher

Gruppentheorie
von K. Mathiak / P. Stingl — DM 9,80

Mechanik
von L. D. Landau / E. M. Lifschitz — DM 9,80

Mechanik I: Grundbegriffe – Kinematik – Statik
von K.-A. Reckling — DM 9,80

Rechenseminar in physikalischer Chemie
von K. Torkar / H. Krischner — DM 9,80

Wechselströme und Netzwerke
von W. Leonhard — DM 9,80

Lehrbücher

Einführung in die höhere Mathematik
von H. Dallmann / K. H. Elster — DM 36,00

Elektromagnetische Wellen I
von H.-G. Unger — DM 16,80

Elektromagnetische Wellen II
von H.-G. Unger — DM 12,80

Elektronische Bauelemente und Netzwerke I
von H.-G. Unger / W. Schultz — DM 16,80

Elektronische Bauelemente und Netzwerke II
von H.-G. Unger / W. Schultz — DM 16,80

Energieverteilung
von H. Lau / W. Hardt — DM 12,80

Grundlagen der Funktionentheorie
von W. Tutschke — DM 12,80

Methoden der Fehler- und Ausgleichsrechnung
von R. Ludwig — ca. DM 16,80

Physik der Halbleiter I
von D. Geist — DM 14,80

Physikalische Grundlagen der Hochfrequenztechnik
von E. Meyer / R. Pottel — DM 29,50

Physikalische und technische Akustik
von E. Meyer / E.-G. Neumann — DM 29,50

Plasma und Lichtbogen
von W. Rieder — DM 12,80

Quantenelektronik
von H.-G. Unger — DM 7,50

Strömungsmeßtechnik
von W. Wuest — DM 19,80

Theorie der Leitungen
von H.-G. Unger — DM 12,80

Vorstufe zur höheren Mathematik
von S. G. Krein / V. N. Uschakowa — DM 6,80

Der Wald – Begründung, Aufbau und Erhaltung
von J. Barner — DM 12,80

Taschenbücher der
Technik

Reihe Automatisierungstechnik

ALGOL 60 – Eine Sprache der Rechenautomaten
von Ch. Andersen — DM 6,40

Betriebsmeßtechnik
von M. Schroedter / J. Meyer — DM 6,40

Digitale Kleinrechner
von G. Schubert — DM 6,40

EDV – Grundstufe der COBOL-Programmierung
von D. Bär — DM 6,40

EDV – Oberstufe der COBOL-Programmierung
von D. Bär — DM 6,40

EDV – Praxis der COBOL-Programmierung
von D. Bär — DM 6,40

Einführung in die Schaltalgebra
von D. Bär — DM 6,40

C + International Library

Elektronische Bauelemente in der Automatisierungs-
technik
von K. Götte   DM 6,40
Integrierte Datenverarbeitung
von G. Brenk / G. Eichner   DM 6,40
Kleines Lexikon der Betriebsmeßtechnik
von G. Jeschke   DM 6,40
Kleines Lexikon der Rechentechnik und Datenverarbeitung
von G. Paulin   DM 6,40
Mehrfachregelungen
von H. Fuchs / W. Weller   DM 6,40
Pneumatische Bausteinsysteme in der Digitaltechnik
von H. Töpfer u. a.   DM 6,40
Pneumatische Steuerungen
von H. Töpfer u. a.   DM 6,40
Programmgesteuerte Universalrechner
von F. Stuchlik   DM 6,40
Projektierung von Regelungsanlagen
von H. Schöpflin   DM 6,40
Regelung von Dampferzeugern
von W. Weller   DM 6,40
Regelungstechnik für Praktiker
von G. Schwarze   DM 6,40
Statische Methoden in der Regelungstechnik
von M. Peschel   DM 6,40
Zerstörungsfreie Prüfverfahren
von J. Gensel   DM 6,40

Ostwalds Klassiker

der exakten Wissenschaften-
Taschenbuchreihe kommentierter
Originaltexte

Die Begründung der Elektrochemie und Entdeckung
der ultravioletten Strahlen
von J. W. Ritter   DM 14,00
Über die Einführung absoluter elektrischer Maße
von W. Weber und R. Kohlrausch   DM 9,80
Das Feste im Festen
von Niels Stensen   DM 18,00
Neun Bücher arithmetischer Technik – Ein chinesi-
sches Rechenbuch für den praktischen Gebrauch aus
der frühen Hanzeit   DM 16,80
De Thiende (Dezimalbruchrechnung)
von Simon Stevin   DM 7,80

Studienausgaben

Abriß der Geschichte der Mathematik
von D. J. Struik   DM 10,80
Atomare Struktur und Festigkeit der Metalle
von N. F. Mott   DM 3,80
Atomphysik und menschliche Erkenntnis I
von N. Bohr   DM 9,80
Atomphysik und menschliche Erkenntnis II
von N. Bohr   DM 12,80
Aufgabensammlung zur Vektorrechnung
von A. Wittig   DM 6,40

Bildungsaufgaben des physikalischen Unterrichts
von E. Hunger   DM 9,80
Die biologischen Grundlagen des Lebens
von C. H. Waddington   DM 10,80
Denkweisen großer Mathematiker
von H. Meschkowski   DM 6,80
Differentialgeometrie in Vektorräumen
von D. Laugwitz   DM 13,80
Der dritte Hauptsatz der Thermodynamik
von J. Wilks   DM 10,80
Einführung in die diskreten Markoff-Prozesse und
ihre Anwendungen
von H. Lahres   DM 9,80
Einführung in die formale Logik
von G. Harbeck   DM 6,80
Einführung in die Vektorrechnung
von A. Wittig   DM 6,40
Elementare Wellenmechanik
von W. H. Heitler   DM 10,80
Erscheinungsformen und Gesetze des Zufalls
von W. Böhme   DM 9,80
Geist und Materie
von E. Schrödinger   DM 9,00
Grundgesetze der Physik
von A. Haendel   DM 8,20
Die Grundlagen des physikalischen Begriffssystems
von W. H. Westphal   DM 5,60
Vom Haushalt der Zelle
von J. A. V. Butler   DM 12,80
Klassische Wahrscheinlichkeitsrechnung
von K. Wellnitz   DM 4,80
Kleines Lehrbuch der Elektrotechnik
herausgegeben von G. K. M. Pfestorf
Band I: Gleichstrom   DM 6,80
Band II: Wechselstrom   DM 6,80
Band III: Elektrische und magnetische Felder
als Grundlage der Elektrotechnik   ca. DM 5,90
Band IV: Wechselstromlehre I   DM 6,80
Band V: Wechselstromlehre II   DM 6,80
Band VI: Lichttechnik   DM 7,90
Kombinatorik
von K. Wellnitz   DM 3,90
Mathematische Leckerbissen
von C. S. Ogilvy   DM 9,80
Mathematische Rätsel und Probleme
von M. Gardner   DM 10,80
Der Mensch und die naturwissenschaftliche
Erkenntnis
von W. H. Heitler   DM 8,80
Moderne Wahrscheinlichkeitsrechnung
von K. Wellnitz   DM 6,80
Die naturwissenschaftliche Erkenntnis:
von E. Hunger
Band 1 – Begriff und Methode   DM 4,90
Band 2 – Der Mensch und die Naturwissenschaft
                                      DM 4,90
Band 3 – Prinzipienfragen der naturwissenschaftlichen
Erkenntnis   DM 4,90
Nichteuklidische Geometrie
von H. Meschkowski   DM 4,80

Wellnitz
Kombinatorik

Von Prof. Dr. Karl Wellnitz. Braunschweig: Vieweg, „Beihefte
für den mathematischen Unterricht", Heft 6. 4. Auflage, 1965.
DIN A5. IV, 56 Seiten mit 1 Abb. Kartoniert DM 3,90 (Best.-Nr.
0806).

Inhalt: Permutationen verschiedener Elemente — Permutationen
von zum Teil gleichen Elementen — Kombinationen ohne Wiederholung — Kombinationen mit Wiederholung — Variationen — Tabellen I und II — Formelverzeichnis.

„ . . . Die Lehrsätze und Definitionen werden an Vorübungen ein-
geführt, dann wird der allgemeine Zusammenhang durch klare,
einleuchtende Überlegungen herausgestellt. Durch die übersicht-
liche Anordnung und die leicht verständliche und doch exakte
Gedankenführung ist das Heft auch für das Selbststudium geeignet."

Der Professor

Wellnitz
Moderne Wahrscheinlichkeitsrechnung

Von Prof. Dr. Karl Wellnitz. Braunschweig: Vieweg, „Beihefte
für den mathematischen Unterricht", Heft 9. 2., durchgesehene
Auflage. 1966. DIN A5. IV, 101 Seiten mit 8 Abb. Kartoniert
DM 6,80 (Best.-Nr. 0809).

Inhalt: Kritik an der klassischen Wahrscheinlichkeitsrechnung
— Zahlenfolgen, Häufungspunkte und Grenzwerte — Der Wahr-
scheinlichkeitsbegriff bei Richard von Mises — Wahrscheinlichkeit
a posteriori ohne Forderung der Regellosigkeit — Periodische Er-
eignisfolgen — Grundgesetze der Wahrscheinlichkeitsrechnung in
moderner Darstellung. Die Wahrscheinlichkeit als Grenzwert einer
Doppelfolge — Statistik — Anwendung der Gauß-Laplaceschen Integralformel — Fehlerrechnung — Tabellen — Literatur — Namen-
und Sachregister.

» vieweg